自然のふしぎを解明！

超入門「地理」ペディア

地理おた部

ベレ出版

はじめに

はじめまして、地理おた部と申します。普段は高校で地理を教え、日々作成した教材や地理に関する情報をSNSで発信しています。高校では2022年度から「地理総合」が始まり、生徒全員が地理を履修することになりました。地理が好きな人にとってはうれしい話ですが、苦手な人からすると「うーん……」って感じかもしれませんね。地理は地形や気候の他、統計やグラフの読み取りなど理系の要素を含むため、苦手意識を持つ人がいるかもしれません。でも、例えば、地形の成り立ちを学べば、いつも見ていた風景が違って見えるようになります。ただ何となく見ていた河川も、「河岸段丘」「自然堤防」というように地形の判別ができるようになるのです。加えて「あの場所は浸水しやすい」「あの場所は安全」という判断もできるようになり、防災の意識も高まります。また、旅行の際に見た美しい景観も、名称や地形を知ることでより深く楽しむことができるようになります。つまり、地理の知識を得ることで、これまで見てきた景色をアップデートできるのです。

地形や気候は、農業や工業に大きな影響を及ぼし、私たちの暮らしや文化にも深く関わっています。例えば、私たちの暮らす日本は、温暖で降水量の多い地域なので稲作に適しています。お隣の中国は、気温が日本と同じぐらいでも降水量が少ない地域では、小麦が多く栽培されています。そのためラーメン、餃子、肉まんのように、小麦が使われている食べ物も多そうです。食文化が違えば、それに関わる催事やマナーも異なり、各国独自の文化が育まれていきます。地形や気候はそうした文化の源流ともいえます。つまり、自然のしくみを学ぶことで、世界の国や地域の特徴をより深く理解できるようになるのです。

さらに統計やグラフの読み取り方を学べば、情報を正しく分析し、客観的に世の中の実態を知ることができるようになります。共通テストにおける地理の問題でもグラフの読み取りは頻出しますが、年度によってデータは異なり、過去に出された問題から大きく変化していることもあります。例えば10年以上前は、アフリカの多くの国は開発途上と見なされていました。しかし最近は、体制や政策の変革、レアメタルの採掘などによって著しく成長している国も目立つようになりました。地理は最近の事象やデータも扱うので、現代世界の動きをいち早く知ることのできる科目だといえます。

このように、地理を学ぶと世界の自然環境や現状を知ることができ、それに基づいていろいろと思考をめぐらせることができるようになるのです。そんな体験をする人が少しでも増えてほしいと思い、この本を書きました。また、はじめて地理を教える方や、地理が専門ではない方のお役に立ちたいという思いも込めています。この本を通して、少しでも地理が好きになっていただければ幸いです。

目次

第1章 地形

第2章 気候

第3章 環境

第1章

地形

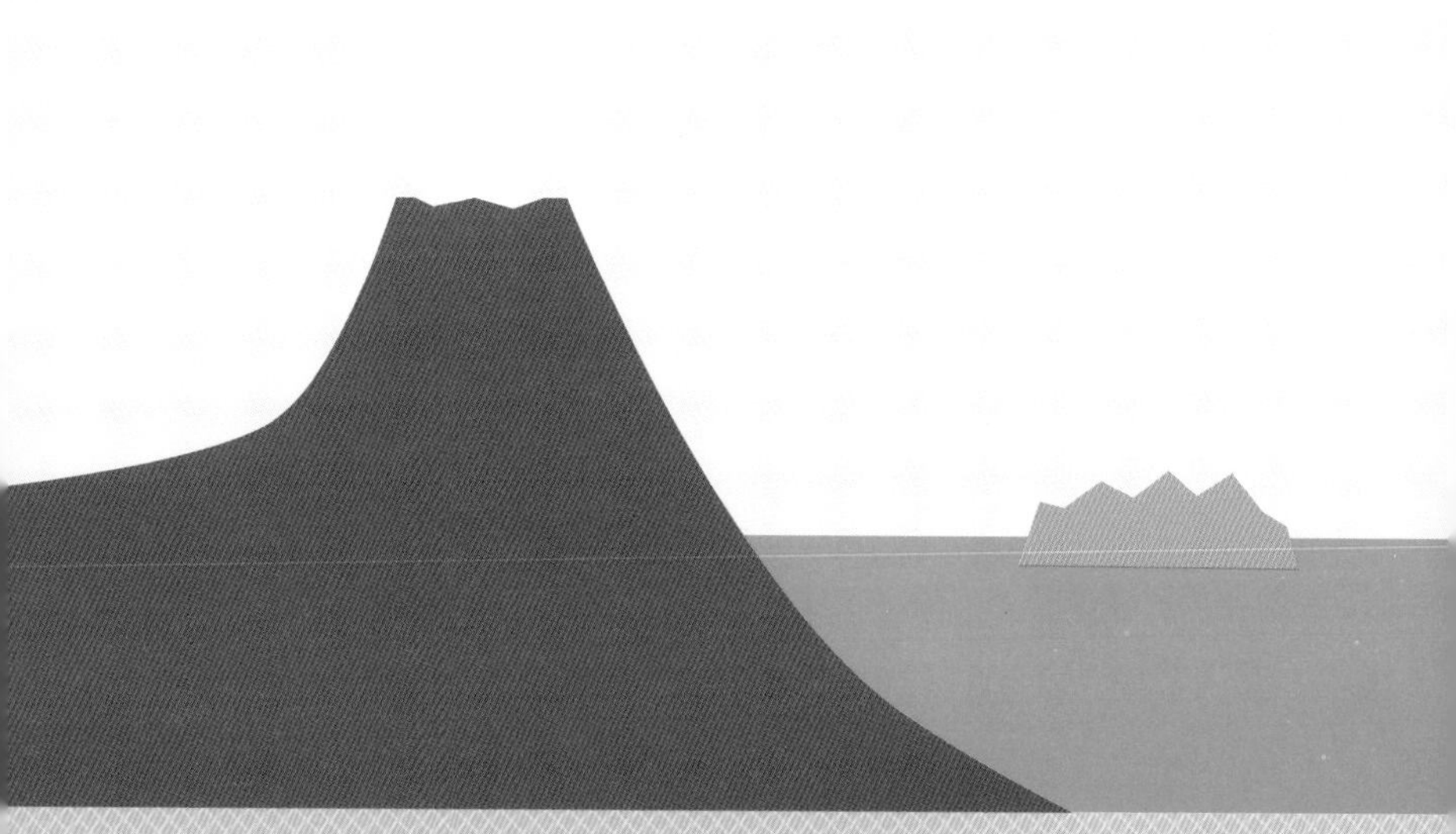

01

地形を作る内からの力と外からの力

営力

日本で一番高い山といったら富士山ですよね。標高3776mもある山です。ではイギリスで一番高い山をご存じですか？　その山は**ベン・ネビス山**です。標高はどれぐらいだと思いますか？　富士山より高い？　低い？　見当もつかないでしょうが、**標高は1344m**と低いんです。

なぜ同じ山なのに標高に差があるのでしょうか？　これには、地形を作る力である**営力**《えいりょく》が関係しています。営力には、地球内部から働く**内的営力**と、外部から働く**外的営力**があります。

内的営力は火山活動や地殻《ちかく》変動など、地球内部での動きを指します。この運動が激しい地域では山が高くなる傾向があります。一方、雨風などの地表を侵食《しんしょく》する力や、河川などの土砂を運ぶ力を外的営力といいます。この力が強い地域では山が低くなる傾向があるんです。つまり、日本では内的営力が強いので高い山が多く、**イギリスでは外的営力が強いので低い山が多く見られる**のです。ベン・ネビス山は氷河による侵食の影響が強かったため、低くなりました。

山の高さを知るだけで、地球内部のことまで想像できちゃうんですよ。

ミニ解説 内的営力が強い山の頂上付近は急斜面で、外的営力が強い山の頂上付近は緩やかな傾斜になる傾向があります。

02

世界はジグソーパズルのようになっている

プレートテクトニクス

「地球」といったらキレイな球体をイメージしますよね。青くて丸い水晶のようなもので、傷一つないように見えます。でも**実際はジグソーパズルみたいに、バラバラのピースがくっついてできている**んです。

１９１２年に**ウェゲナー**は「**大陸移動説**」を唱えました。しかし大陸がどのように動いているのか、そのメカニズムは説明できませんでした。その後１９６０年代に入ると、海洋底の探査《たんさ》や古地《こち》磁気《じき》の研究が進み、「**海洋底拡大説**」が提唱されました。さらに１９６０年代末になると、地球はいくつかのプレートで構成されているという「**プレートテクトニクス**」理論が確立してきたのです。ウェゲナーが亡くなって30年後、ようやく彼の理論が立証されました（プレートが動くメカニズムや、構成する物質など不明な点も多い）。

地球はいくつかのプレートで構成されているので、互いにぶつかり合うことで盛り上がったり、深い溝《みぞ》を作ったりします。この繰り返しによって今の地球の姿になりました。ツギハギになっている場所は、海が隠してくれているのでキレイな球体に見えるのです。

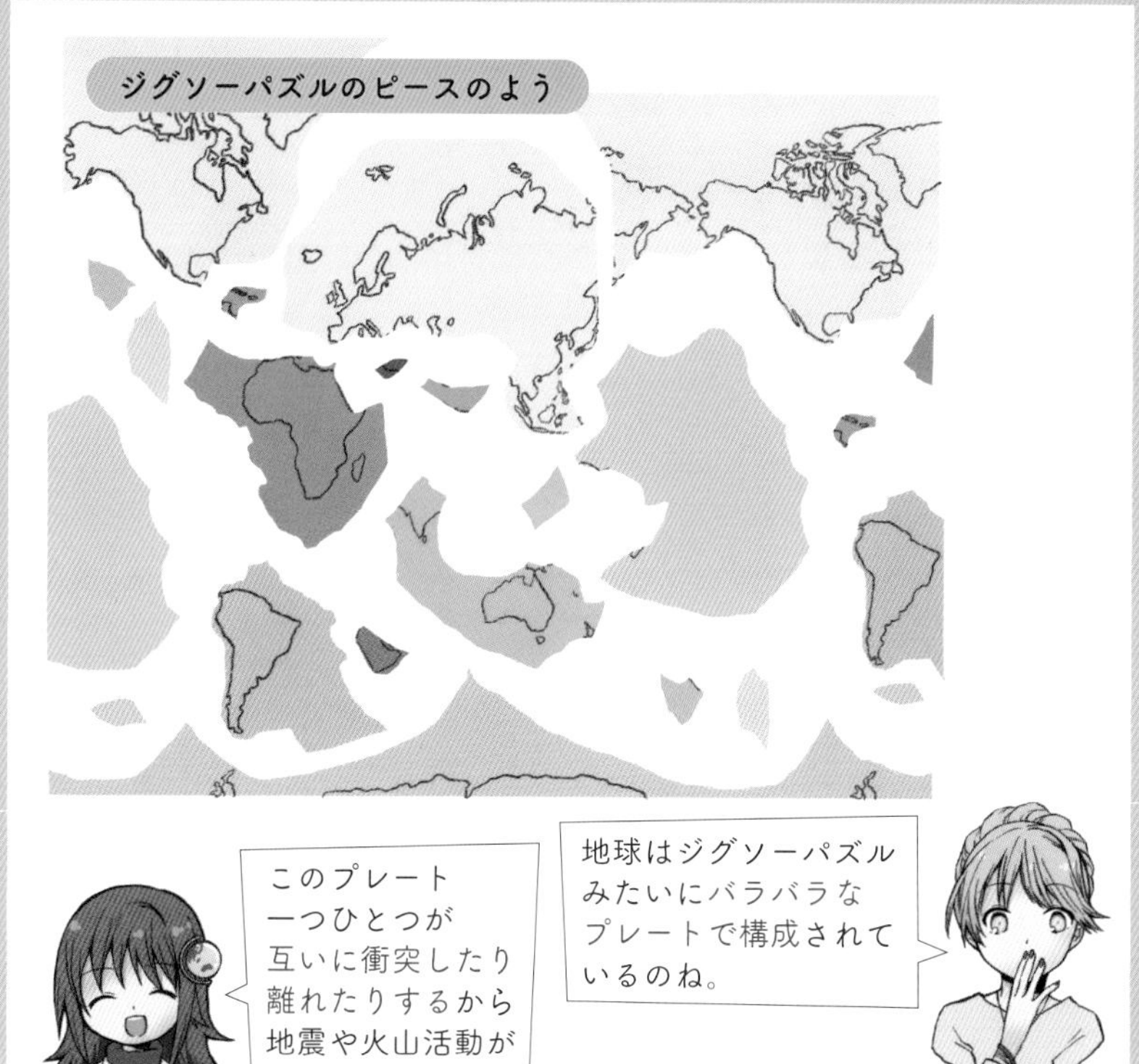
ジグソーパズルのピースのよう
地球はジグソーパズルみたいにバラバラなプレートで構成されているのね。
このプレート一つひとつが互いに衝突したり離れたりするから地震や火山活動が起こるんだよ。
プレート

ミニ解説　大陸が動くという理論は今では当たり前ですが、確立されてから60年ほどの新しい理論なんです。

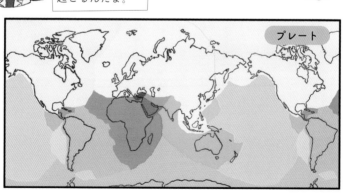

03

南アメリカ大陸とアフリカ大陸は七夕状態!?

大陸移動説

アフリカ大陸の西岸を見ると窪《くぼ》んでいます。南アメリカ大陸の東岸を見ると突き出しています。実はこの2つの大陸を合わせると、ピッタリ合わさるのです。これが、世界はもともと1つの大きな大陸だった痕跡《こんせき》なのです。

しかし、8300万年前に生じた**スーパープルーム**によって、**1つだった大陸は分裂**して、離れ離れになってしまったのです（大陸移動説）。両大陸の間には、大西洋中央海嶺《かいれい》という**巨大な海底火山が、まるで天の川のように立ちふさがっています**。まさに彦星《ひこぼし》と織姫《おりひめ》のようですね。離れ離れになってしまった両大陸が、再び一緒になることはあるのでしょうか？

答えは「一緒になります」。大陸は動いていますから再構築される時がやってきます。今から2～4億年後、再び世界は1つにまとまった「**パンゲア・ウルティマ大陸**」になると予想されているのです。

両大陸がもう一度出会えるなんてよかったですね。でもその時は、北アメリカ大陸も一緒になるので三角関係になるようです。それはそれで問題ですね。

大陸の移動

スーパープルームとは？

地球のマントルに生じる対流のうち最下部のコアとの境界付近から地殻に向かう巨大な上昇流のこと。

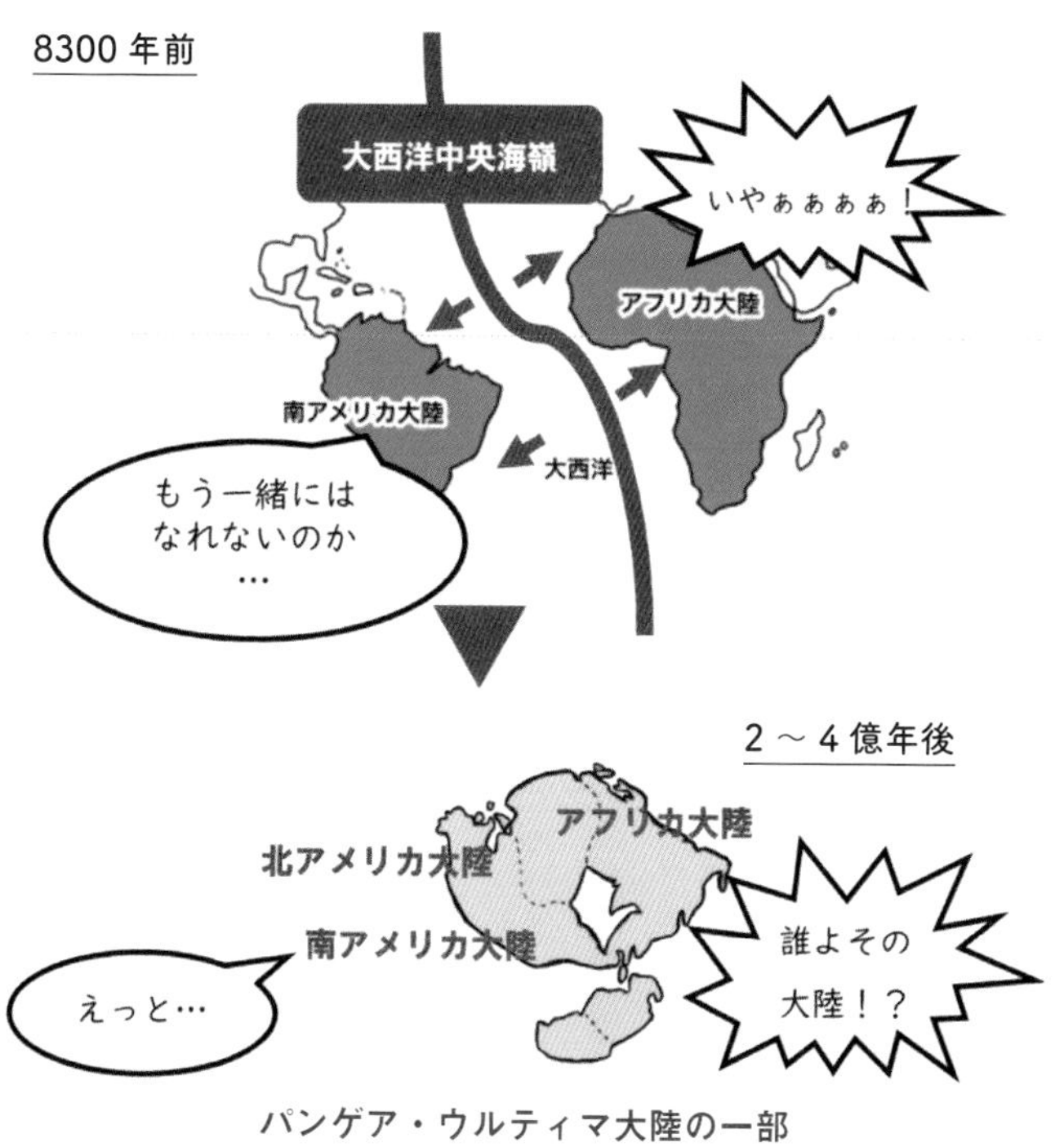

パンゲア・ウルティマ大陸の一部

ミニ解説 大陸移動説は、ウェゲナーが地図を眺めていた時に両大陸がくっつきそう！ と思いついたのがきっかけだとか。

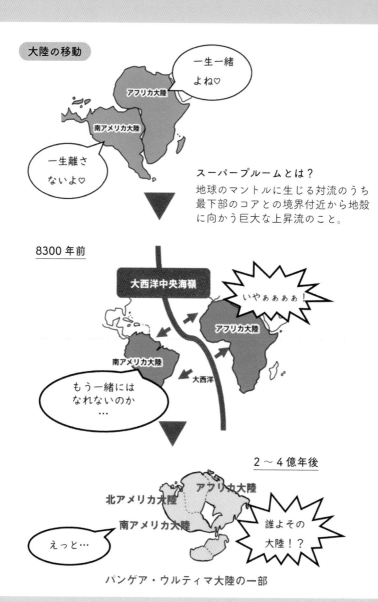

04

エベレストにはアンモナイトがいた

衝突帯

世界で一番高い山といったら何でしょう？　そうです、**エベレスト**です。ではその標高を知っていますか？　なんと8849mもあるんです！　富士山の標高が3776mなので、その2倍以上もあるんですね。

そんなエベレストですが、**山頂付近に海の生物であるアンモナイト**がいた形跡《けいせき》があったら驚きですよね。世界最高峰に海の生物の痕跡？　なんだか不思議な話ですが、これには大陸の移動が大きく関わっているのです。

かつてユーラシア大陸とインド半島は別々でした。離れ離れだった両大陸は、徐々に近づいていきます。7100万年もの長い時間をかけ、ついに**両大陸は衝突し、1つの大陸**となったのです。このぶつかり合った境界を衝突帯といいます。その際にかつて海底だった場所もせり上がり、世界最高峰の高さまで上昇しました。海にいた生物たち（最も古いもので4億年以上前）の化石はその時に運ばれたようです。

エベレストでアンモナイトの化石が発見されたことは、大陸移動説の正当性を裏付ける証拠にもなりました。

エベレスト
なぜ地上で一番高い山の頂上付近に海の生物の化石…？宇宙人か？
衝突帯
衝突帯
インド亜大陸
エベレストの頂上付近がかつて海底だった証拠だね。世界一高い場所はかつて海底にあったんだ。

ミニ解説　エベレストの山頂近くの変成石灰岩部分は黄色に見えることから、イエローバンドと呼ばれています。

05

地球は一つのシステムだ

地球システム

地球は、**「気圏」「地圏」「水圏」「生物圏」「磁気圏」**から成り立っています。これらは互いに影響し合って地球環境を構成しているので、**地球システム**と呼ばれています。

例えば、気圏中にある二酸化炭素は、生物圏の植物によって体内に取り込まれます。植物は枯れて地圏に戻り、化石燃料へと変化します。それは水圏によって削られて地表に露出し、人間によって採掘され、燃料として使用されて再び気圏に戻るのです。すべてが循環する、よくできたシステムですね。「磁気圏」は太陽から流れてくる電子や陽子から守ってくれるバリヤーの役割があります。

しかし近年、6つ目の「人間圏」の影響が強すぎて、地球環境に大きな問題が生じるようになりました。**二酸化炭素が化石燃料へ変化する過程は数千万年かかる**といわれています。そんな果てしなく長い時間をかけて作られたものを、**たった数百年で消費**してしまっているのです。

現在は、「人間圏」が、地球システムの主導権を握っています。地球環境を良くするのも、悪くするのも人間次第となっているので、私たちは地球のことをもっと知らなければなりません。

地球システム

気圏
生物圏
人間圏
地圏
地殻
マントル
核
水圏
磁気圏
地球では
多くの生物が
協力し合って
生存しているのね。
気圏
人間圏
生物圏
地圏
地殻
マントル
核
水圏
磁気圏
人間の力は良くも
悪くも働くんだな。
良い方に働くように
行動しなくては。

ミニ解説 人間圏の活動によって、炭素循環にも大きな影響が出ています。多すぎる二酸化炭素の排出量が地球温暖化や海面上昇の原因といわれているので解決しなければなりません。

06

陸にある水は2・6％のみ しかもほぼ凍っている

陸水

地球は水の惑星とも呼ばれるほど、青く潤っています。**しかしそれは、ほとんどが海の水であって私たちが使用できる水ではないのです。**

それでは、地球にある水の何割が海水だと思いますか？　7割？　8割？　いいえ、なんと**97・4％が海水**なんです！　ほとんどが海の水とは驚きですね。しかもそれだけではありません。残りの2・6％は何だと思いますか？　海水ではない水、これを**陸水**といいます。

陸水とは、人間の使用できる水のことを指すのですが、その内訳もすごいんですよ。陸水の76・4％は南極などに存在する氷河なんです。陸水の大半は凍っているなんて驚きですね。さらに残りの22・8％は地下水なんです。**地表を流れている河川や湖の水は陸水全体の1％弱にすぎません。**これはお風呂に例えると、浴槽いっぱいに溜めたお湯を地球全体の水とすれば、**河川などの水は大さじ3杯半**しかありません。

水資源に恵まれている日本では気づきにくいことですが、使用できる地表の水は大さじ3杯半くらいしかないということは覚えておきたいものですね。

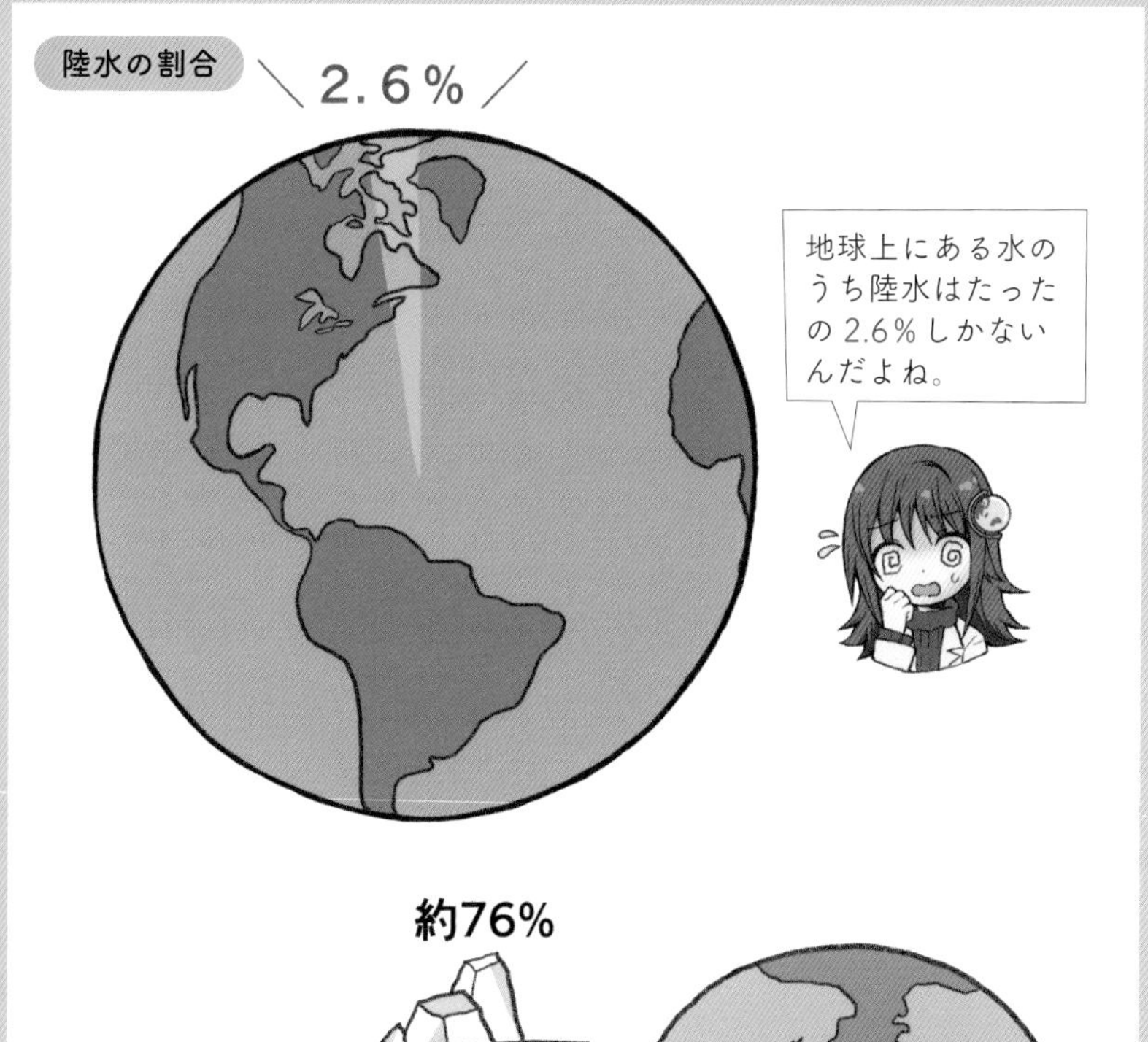
陸水の割合
2.6%
地球上にある水のうち陸水はたったの2.6%しかないんだよね。
約76%
約23%
約1%
河川の水って少ないのね……

ミニ解説

地球上にある水の割合　淡水湖…0.009%　塩湖・内陸湖…0.008%
土壌…0.005%　大気…0.001%　河川水…0.0001%
河川水が一番少ない！

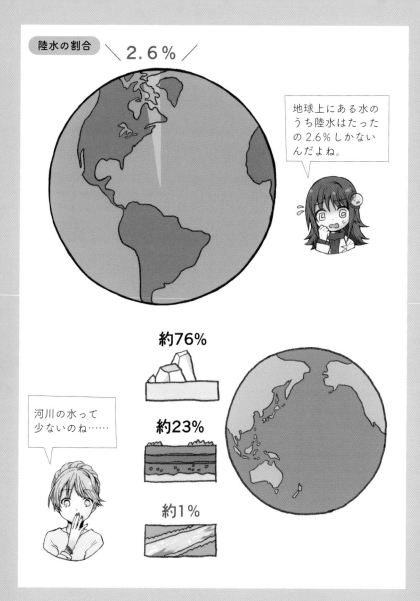

07

海に流れ出た水のゆくえ

水循環

川の水はどこに流れ着くのでしょうか？　山から流れ、平野を通り私たちの生活水となって、最終的に海に流れ着きます。ではこの水はこの後どうなるのでしょうか？　海にあるまま？　別の場所に流れる？

　正解は**陸に戻る**です。陸に戻るとはどういうことでしょうか？　さすがに川を逆流するとかではなく、**蒸発して上空でまた雨となって地表に戻る**ということです。実は海洋から相当な量の水が蒸発しているのです。逆に陸地に降り注ぐ雨の量が意外と少ないこともわかりますね。陸に降り注いだ雨は途中で蒸発するか、海に流れ出て蒸発します。こうした一連の流れを水循環といいます。海のしょっぱい水も蒸発することで塩分が抜け、地表に再び降った水は淡水として利用できるのです。**水を循環させるだけでなく浄化作用もあるの**です。

　しかし**近年、地下水の過剰な汲み上げやダム建設、護岸工事などによって、海に流出する量が減っています**。そこへ一度に大量の雨が降り注ぐと、土砂崩れなどを引き起こしてしまいます。水の循環を考えない開発は危険ですね。

河川

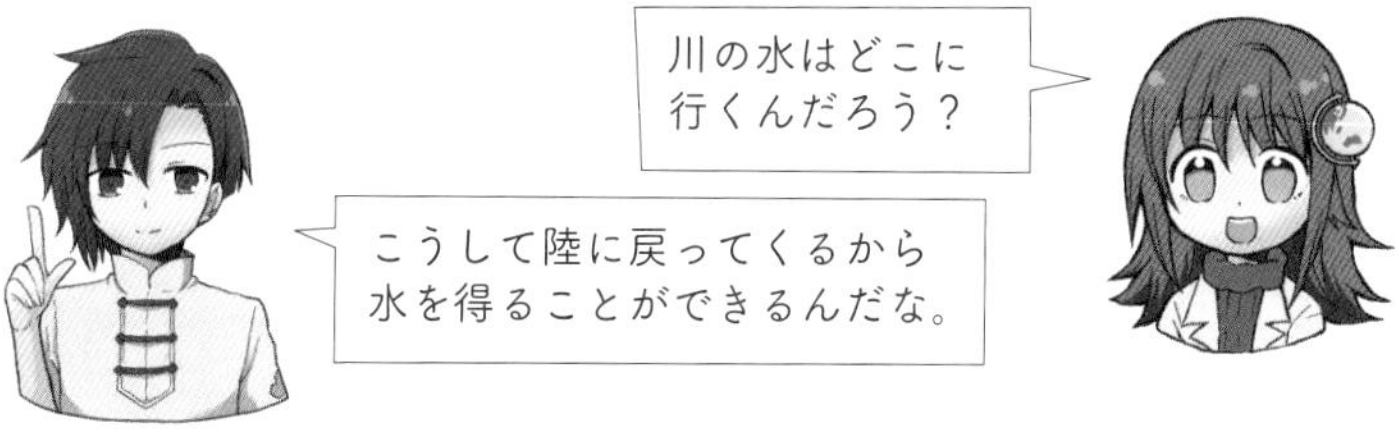
川の水はどこに
行くんだろう？
こうして陸に戻ってくるから
水を得ることができるんだな。

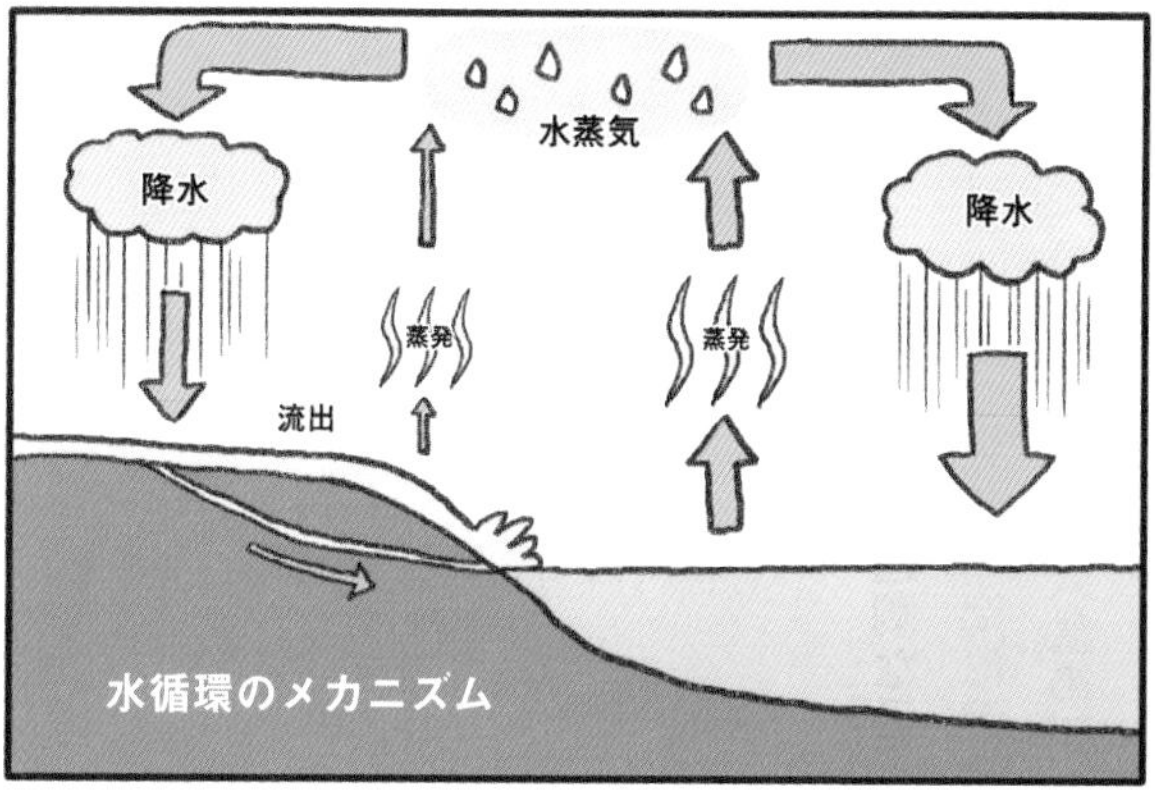
水蒸気
降水
降水
蒸発
蒸発
流出
水循環のメカニズム

ミニ解説　地表を流れる水は１、２ヵ月で海にたどり着きますが地下水は１万年以上溜まっているものもあります。地球が溜めた水を人間がたくさん使ってもいいものでしょうか。

08

死海は海面よりも低い場所にある

断層

「死海」という海をご存じですか？　なんだかとっても不気味な名前ですよね。ただ「海」って書いていますけれど、**実際は湖**なんです。この湖では**文字通り、生物は生きることができません。**なぜそんなことになっているのか？　それには塩が関係しています。

死海は塩分濃度が非常に高く、大人が簡単に浮いてしまうほどなんです。なぜそんなにも塩分濃度が高いのでしょうか？　これには死海の位置に理由があります。死海はイスラエルとヨルダンの間に位置しています。そしてなんと**標高マイナス400m**にあるのです！　海より低い場所にあるんですね。

死海はアフリカ大地溝帯の北限付近にあります。かつて地中海の水が流れ込んでいた谷の入り口が地溝帯の活動によって隆起し、閉じたことで湖になったのです。死海は標高が低すぎるので流れ出す川や海もありません。

さらに**乾燥地域に属しているため水分はどんどん蒸発していき、塩分濃度は高くなったのです。**こうして長い年月をかけて死海は誕生したのです。

死海
ずっと浮いて
いられるなんて
不思議な湖よね。

死海はアフリカ
大地溝帯の北限
に位置していて
海より低い位置に
あるんだよ。

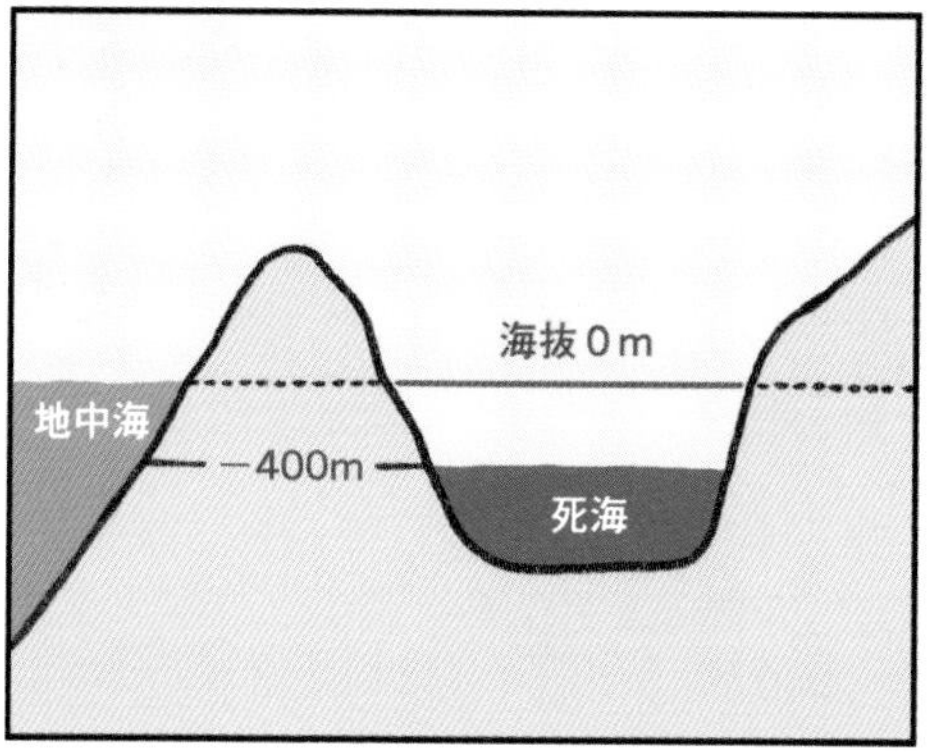
海抜0m
地中海
−400m
死海

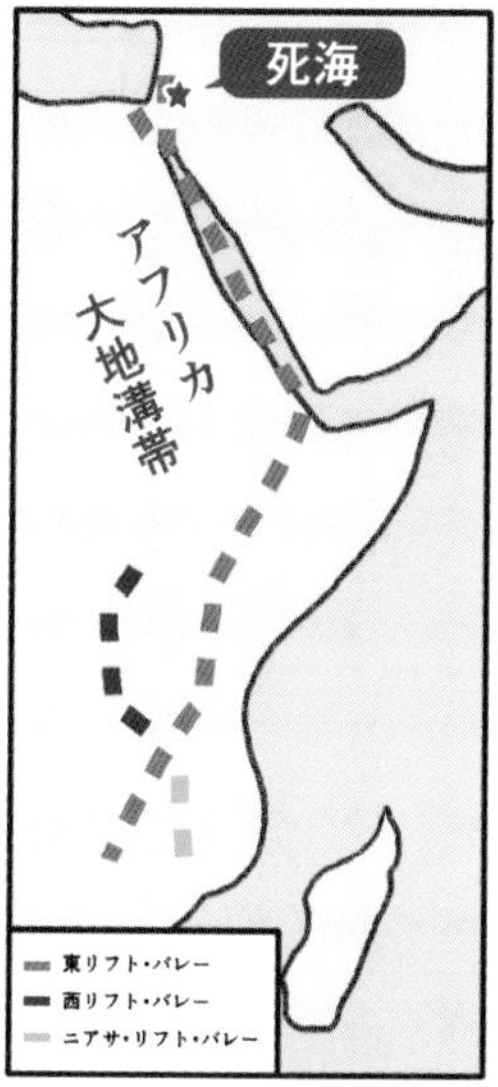
死海
アフリカ
大地溝帯
東リフト・バレー
西リフト・バレー
ニアサ・リフト・バレー

ミニ解説

海の塩分濃度は約3%なのに対して、死海の塩分濃度はなんと30%！　海よりも10倍もしょっぱいんです。お味噌汁は0.8%なので相当塩辛いことがわかりますね。

09

アイスランドなのに温暖気候

海嶺

アイスランドと聞くと、ものすごく寒い国だと想像しますよね。北緯60度以北に位置するこの国の年間平均気温はマイナス2～14℃です。ちなみに北緯43度前後の北海道はマイナス12～24℃です。あれ？　北海道の方が寒い!?　そうなんです。**実はアイスランド、それほど寒くない国なんです。**

この国の南部には、北大西洋海流という暖流が流れています。この暖流の影響で、一年中安定した気候となっています。なので**アイスランドは温帯気候に分類されるん**です。意外ですよね。

さらに、この国は温泉大国なんです！　アイスランドは大西洋中央海嶺上にあります。海嶺とは、海の中にある巨大な山脈だと思ってください。海嶺はたいてい海の中にあるのですが、なんとアイスランドは、その海嶺が海上まで出てきてできた土地の上にできた国なんです。とんでもないマグマの量ですね。

そのため、この国のあらゆる場所に温泉があります。特に**ブルーラグーンと呼ばれる温泉は世界最大級**で、まるで湖のようです。本当はホットな国なんですね。

ブルーラグーン

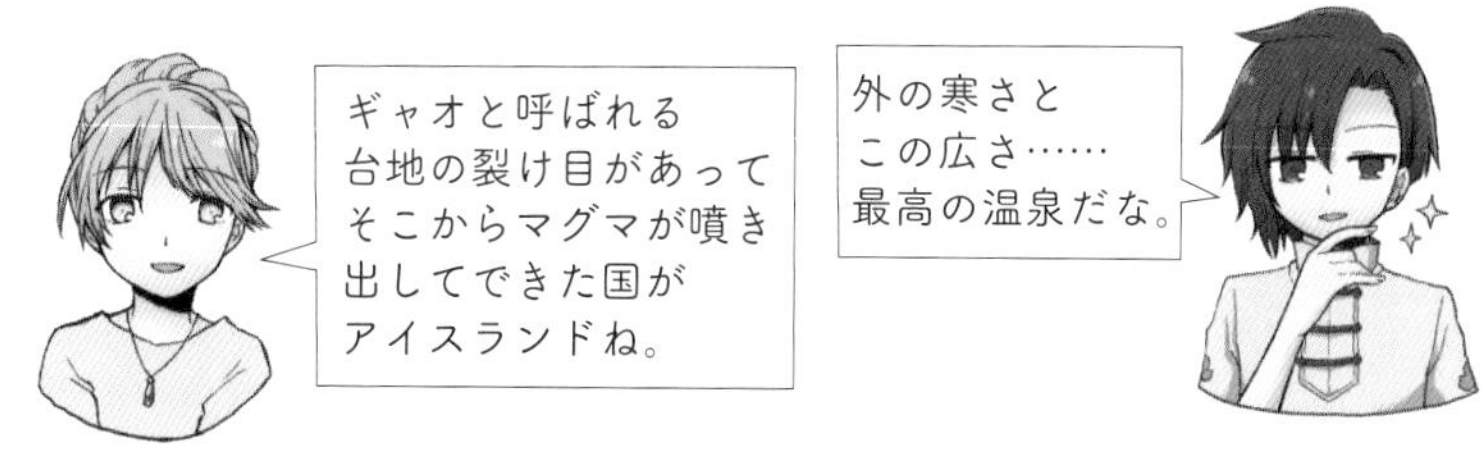
ギャオと呼ばれる
台地の裂け目があって
そこからマグマが噴き
出してできた国が
アイスランドね。
外の寒さと
この広さ……
最高の温泉だな。

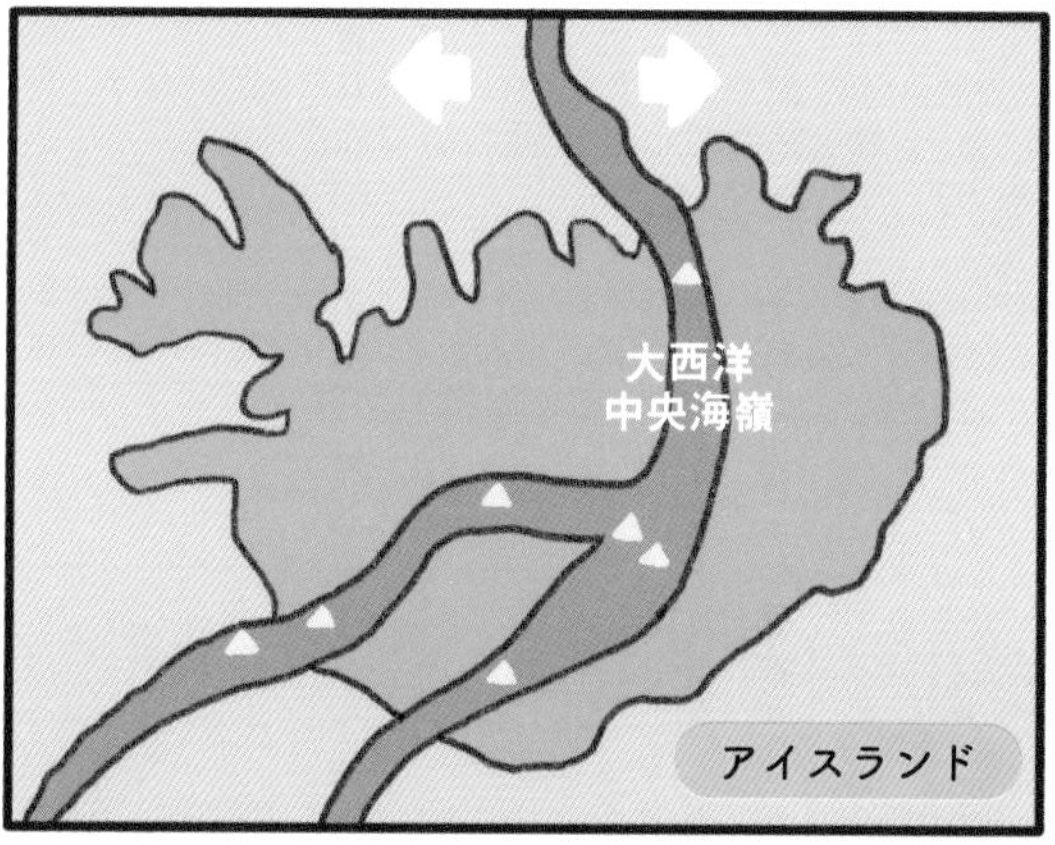
大西洋
中央海嶺
アイスランド

ミニ解説　アイスランドは水力発電70%、地熱発電30%の、超クリーンエネルギー国家で、火力発電所も原子力発電所も存在しません。

10

山は成長している!?

造山運動

山には、どんどん高くなる山と、どんどん低くなる山があります（P.10ページを参照）。では高くなる山は、どれぐらいのスピードで成長しているのでしょうか？

実は**造山運動**と呼ばれる地殻変動によって、**年間数㎜程度成長**しているんです。人間の爪は1日に0・1㎜程度、1ヵ月で3〜4㎜ほど伸びるようですが、山は1年でそれと同じぐらい上昇しています。なんだ、それくらいの成長なんだと思う人も多いでしょうが、これが100万年続くとどうなるでしょうか？ **100万年も経てば、3600m以上も成長します**。1年にたった数㎜の成長でも、地球の歴史レベルの年月があれば巨大な山脈にもなるのです。まさに「塵も積もれば山となる」ですね。

そんな山の標高ですが、紀元前には計測が行われていたようです。国立国会図書館のWebサイト「江戸の数学」によると、紀元3世紀頃に書かれた中国の『九章算術』には山の計測方法が記され、日本でも『出雲国風土記』（8世紀）に山の高さが記されていました。この当時から直角三角形の相似を使っていたようです。

エベレスト

山は1年で数ミリ程度伸びているようです
手の爪は1ヵ月で数ミリ伸びるからそれぐらいの長さだね
百万年経てば3600m以上伸びるね
気が遠くなる時間だ…!

エベレストという名の由来は測量に貢献したジョン・エベレストだよ。

ミニ解説 現在、エベレストの標高は8848mとされていますが、何度か計測されており、異なる標高も存在します。

11 ハワイはいつか日本にやってくる!?

太平洋プレート

南国のハワイが近くにあったら、気軽に泳いだり、浜辺から沈む夕日を見たりできていいなぁって思いませんか。実はこれ、遠い未来ですがやってくるんです。

なぜそのようなことがいえるのか、これにはプレートが関わっています。日本は4枚のプレート（北米・ユーラシア・フィリピン海・太平洋）上に載っています。ハワイは太平洋プレート上にあります。**北米プレート・フィリピン海プレートと太平洋プレートは、互いに狭まる関係にあるため毎年近づいています。**

ではどのぐらいのペースで近づいていると思いますか？ **正解は1年間に6～8㎝です。**クレジットカードは幅8・6㎝ほどなので、1年間で近づく距離はそれぐらいです。東京とホノルルの距離はおよそ6200㎞なので、1年あたり8㎝で単純計算すると、約7800万年後には日本と**ハワイが隣同士になります。**

遠い未来にはハワイが日本の領土に！ と喜びたいのですが、残念ながら途中に日本海溝があるため、ハワイはそこに沈んでしまうようです。無念です。

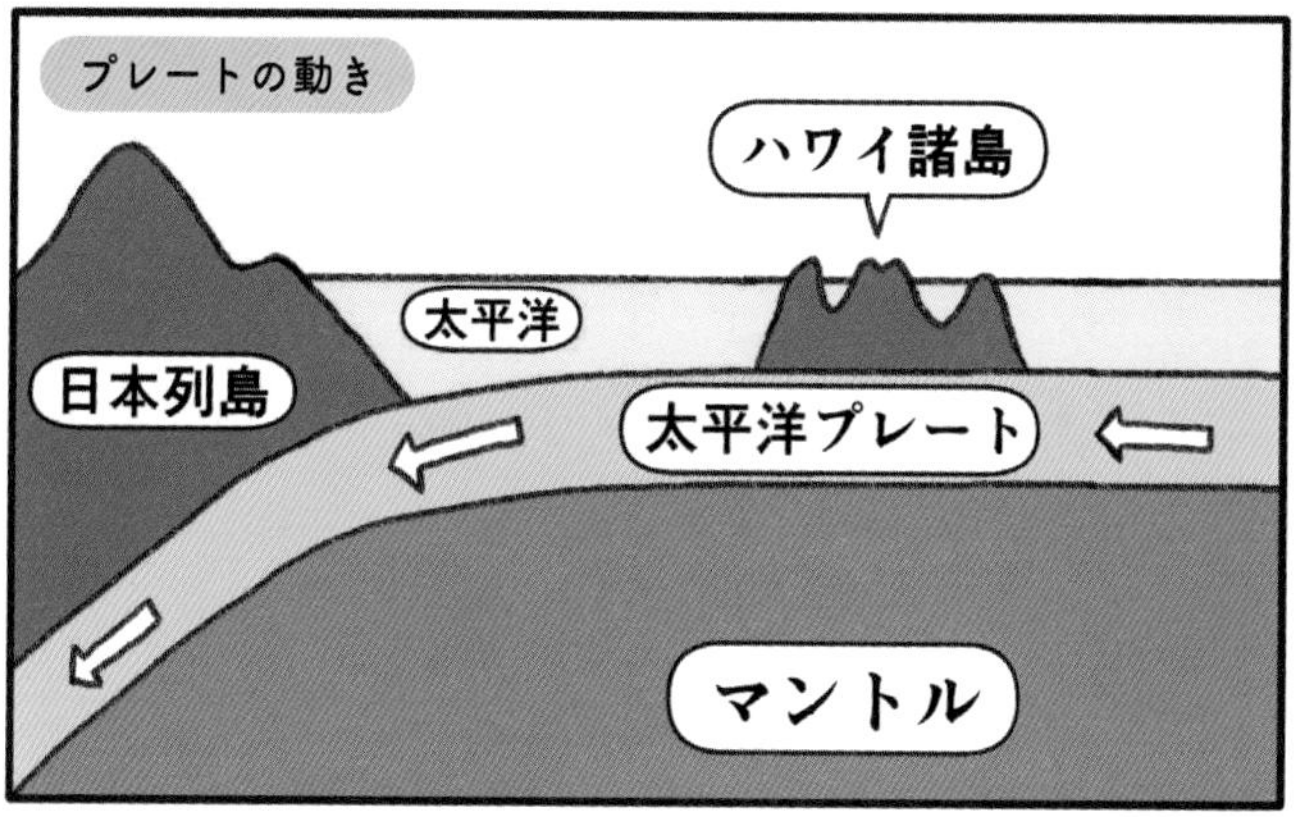
プレートの動き
ハワイ諸島
太平洋
日本列島
太平洋プレート
マントル

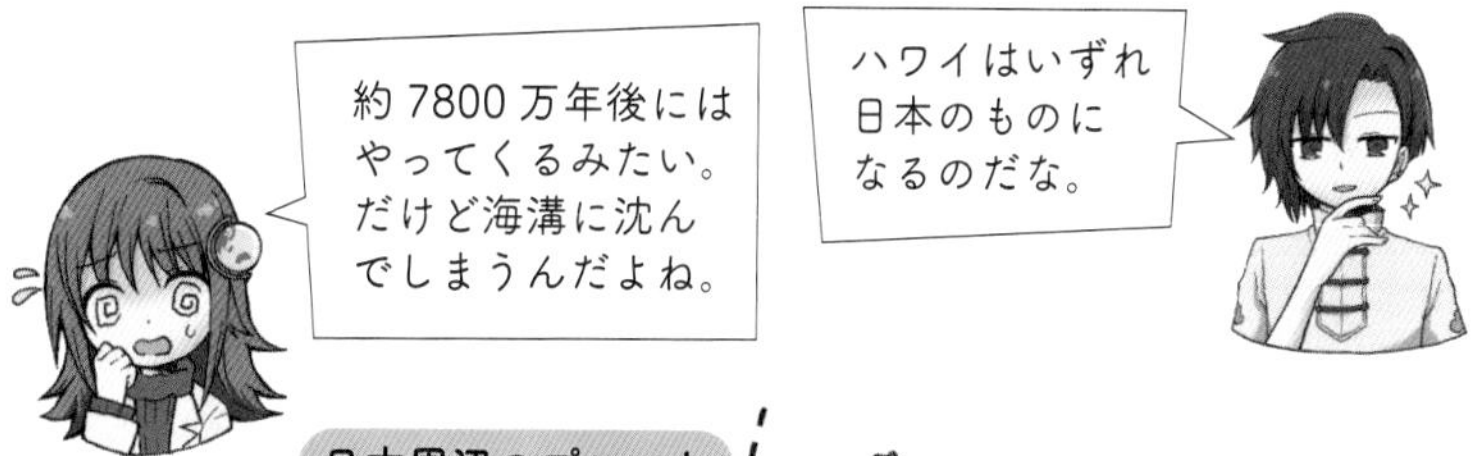
ハワイはいずれ日本のものになるのだな。
約7800万年後にはやってくるみたい。だけど海溝に沈んでしまうんだよね。

日本周辺のプレート
ユーラシアプレート
北米プレート
太平洋プレート
フィリピン海プレート

ミニ解説　ハワイは2011年の東北地方太平洋地震以降、年に約12㎝近づいているようです。震災の影響はこんなところにも出ています。

12

地震の後になぜ津波がくる？

津波

海底で地震が起こると津波注意報が出されることがあります。地面がゆれて怖い思いをしたのもつかの間、今度は**海から危険がやってきます**。地球の中では何が起きているのでしょうか？

地震が起こると、海底の活断層が動いたり、陸地から大量の土砂や岩石などが海になだれ込んだりします。これらの作用により、海底面だけでなく海面にも変位が生じ、大きなうねりが発生します。このうねりが海水を押し上げることで津波が発生します。その後、海底から海面までの海水が、大きなかたまりとなって陸へやってくるため、被害が甚大になるのです。

しかもその速度は、水深が深い時（水深5000ｍ）は時速800㎞もあり、ジェット機並みの速度でやってきます。陸に近くなり水深が浅くなる（水深10ｍ）と、時速は30㎞台まで落ちます。時速30㎞は秒速にすると約8・3ｍです。つまり、**100ｍを12秒ほどでやってくる速度**なのです。**短距離走の日本記録保持者でもない限り逃げ切ることはできません**。海の近くにいる時は、大きな地震が起きたらすぐに逃げるなど、命を守る行動をとりましょう。

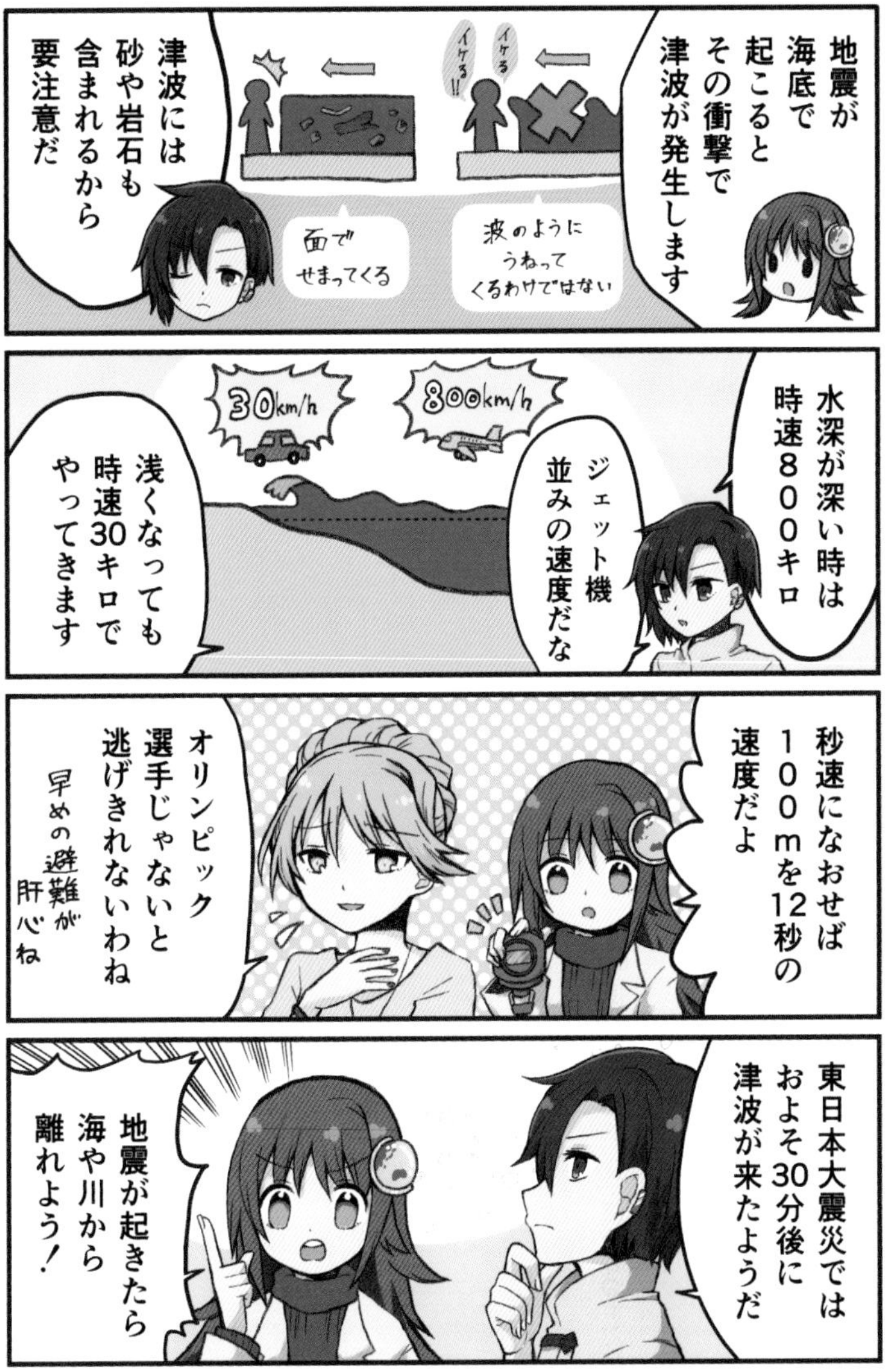

ミニ解説

1960年に発生したチリ地震（マグニチュード9.5）は、日本まで17,000kmも離れているにもかかわらず、地震発生23時間ほどで最大６ｍもの津波がやってきました。

13

地面が溶ける!? 液状化現象

2011年に東北地方太平洋沖地震が起きました。その大きなゆれは遠くまで伝わり、千葉県の浦安市にも届いたのです。その時に**地面から飛び出したマンホールが話題になりました**。なぜ飛び出してしまったのでしょうか？　原因は地盤にありました。

水分を多く含む砂層は、周辺の地層に比べて軟弱です。砂粒子の間に隙間が生まれそこが水分で満たされた状態です。この状態の地層に地震などの力が加わると、**砂粒子と水分が流動する**ようになります。これを**液状化現象**といい、流動することで砂粒子と地下水が勢いよく飛び出し（噴砂）、地盤沈下などを引き起こします。

こうした作用によってマンホールが飛び出したりするんですね。しかもこの現象は**震源から300km以上も離れた千葉県で起きています**。2024年1月に発生した能登半島地震でも東西320kmにかけて同じような事例が確認されています。液状化が起こりやすい場所として、埋立地や砂地盤のところが挙げられるので、自分の住んでいる場所の地盤がどのようになっているのかを知ることも、防災・減災につながります。

液状化現象

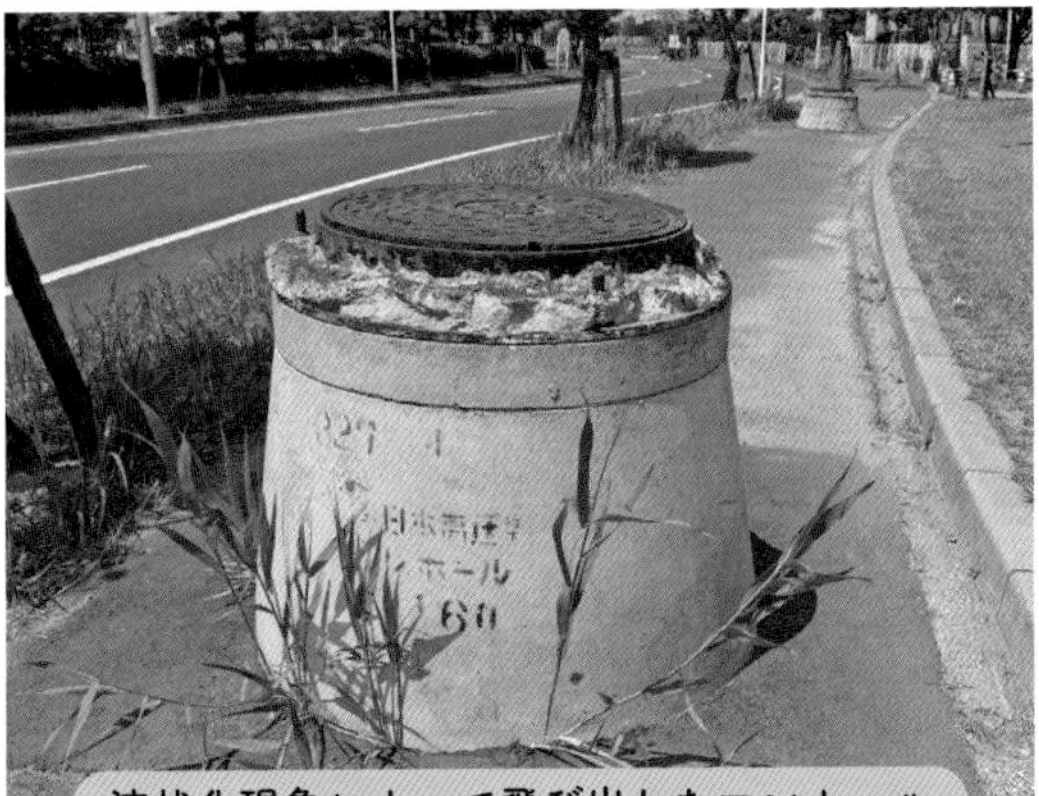

液状化現象によって飛び出したマンホール

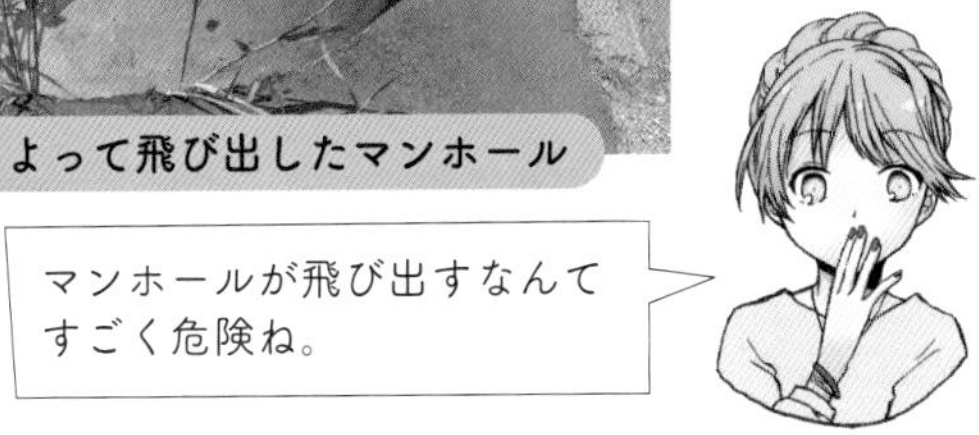
マンホールが飛び出すなんてすごく危険ね。

通常時は砂粒同士が互いに強くかみ合っている

地震などで振動が加わると砂粒が離れ離れになり水中に浮いた状態になる

砂粒が離れることにより地盤が緩くなり、地盤沈下を起こす

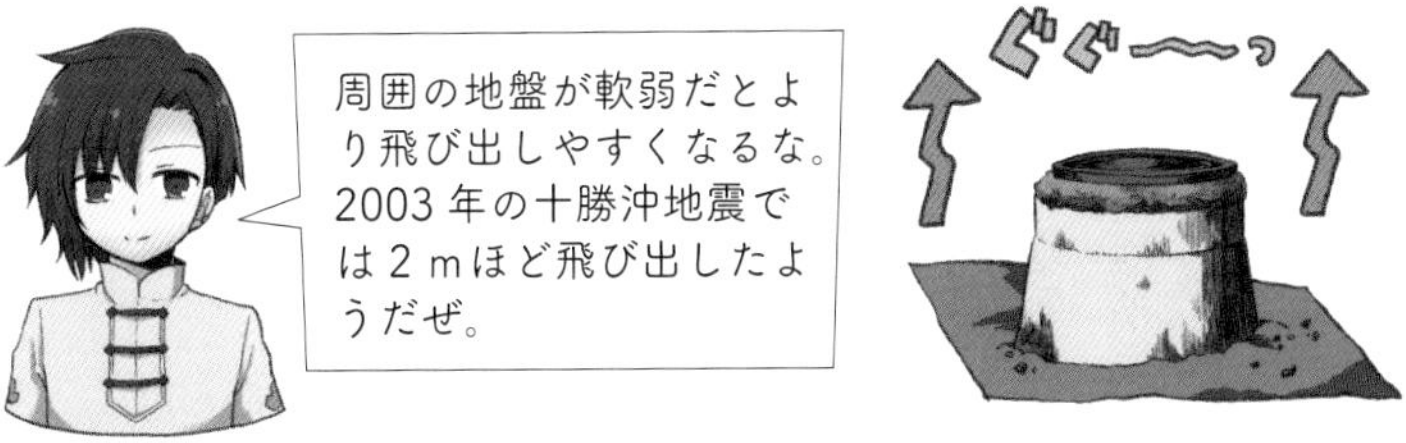
周囲の地盤が軟弱だとより飛び出しやすくなるな。2003 年の十勝沖地震では 2 mほど飛び出したようだぜ。
ぐぐ〜〜っ

ミニ解説 液状化現象が注目されるようになったのは 1964 年の新潟地震からで、2011 年に再び注目されました。

14

寛政の改革のきっかけは浅間山

火山灰

歴史の授業で「**松平定信が寛政の改革**を進めた」と習った人も多いと思います。改革の内容には**倹約や備荒《びこう》貯蓄の奨励などの飢饉《ききん》対策も含まれてい**たのですが、これには地理的な出来事が関係していたのです。

1783年、浅間山が噴火しました。この時の噴火の規模は大きく、成層圏まで**火山灰**が届くほどでした。**宙に舞った火山灰は太陽光を遮り、まるで曇り空のようだったようです**。太陽光不足のため気温が下がり、作物の生育不良も起こりました。※**そんな日が何ヵ月も続いたため、作物はどんどんやせ細っていきます**。これより前から**天明の大飢饉**が続いていたのですが、それがより深刻化し、作物が採れず飢えに苦しんだ人々は、人の死肉を食べたともいわれています。そうして各地で打ちこわしなどの暴動が起きたため、当時の老中松平定信は寛政の改革を始めたようです。

自然の脅威が歴史に影響を与えた例ですね。歴史は地理の影響を受けながら進んでいくので、両方学習することでより深く理解できます。

※この時期は世界的に気温が低下しており、その影響で不作だったという説もあります。

『浅間《あさま》山《やま》夜分《やぶん》大焼《おおやけ》之《の》図《ず》』（美斎津洋夫氏所蔵）

5月から8月にかけて噴火が
続いたようよ。

歴史と地理
両方を知ることで
理解が増すね。

松平定信

ミニ解説 1991年のピナツボ火山噴火の時は、全世界の平均気温が0.5℃も下がったそうです。

15 温泉大国ニッポン

温泉

火山はひとたび噴火すると恐ろしい被害をもたらします。火砕流《かさいりゅう》は周辺地域を焼き、火山灰は気温の低下を引き起こし、作物に深刻なダメージを与えます。しかし**火山の恩恵**もあります。それはやはり**温泉**でしょう！

風呂に入って一日の疲れを癒やすのは、温泉資源に恵まれている日本の文化ともいえます。さて、温泉は日本にどれぐらいあると思いますか？　正解は約**2万7000**です！　そのうち**温泉施設になっているのは3000ヵ所で、世界一の温泉保有国**なんです。

なぜこんなにも多いのでしょうか。それには火山の多さが関係しています。**世界にある火山のうち7％は日本にある**といわれています。また雨量の多い日本は、地下水が溜まりやすいので、温泉ができやすい環境なんです。

ちなみに温泉の数が一番多い都道府県はどこだと思いますか？　正解は**北海道**です。**数で比べると、面積の広い地域が有利**ですよね。でも湯の量で比べると大分県が一番になります。温泉一つとっても部門ごとに調べて、どこが一番なのかを知るのもおもしろいですね。

日本の主な温泉地

北海道
定山渓温泉・登別温泉
甲信越
石和温泉・越後湯沢温泉
東北
秋保温泉・東山温泉
北陸
和倉温泉・山中温泉
山陰・山陽
玉造温泉・湯郷温泉
北関東
草津温泉・鬼怒川温泉
九州
由布院温泉・別府温泉
房総
鴨川温泉・白浜温泉
東海
下呂温泉・飛騨高山温泉
箱根・伊豆
箱根湯本温泉・熱海温泉
近畿
城崎温泉・白浜温泉
四国
道後温泉・琴平温泉

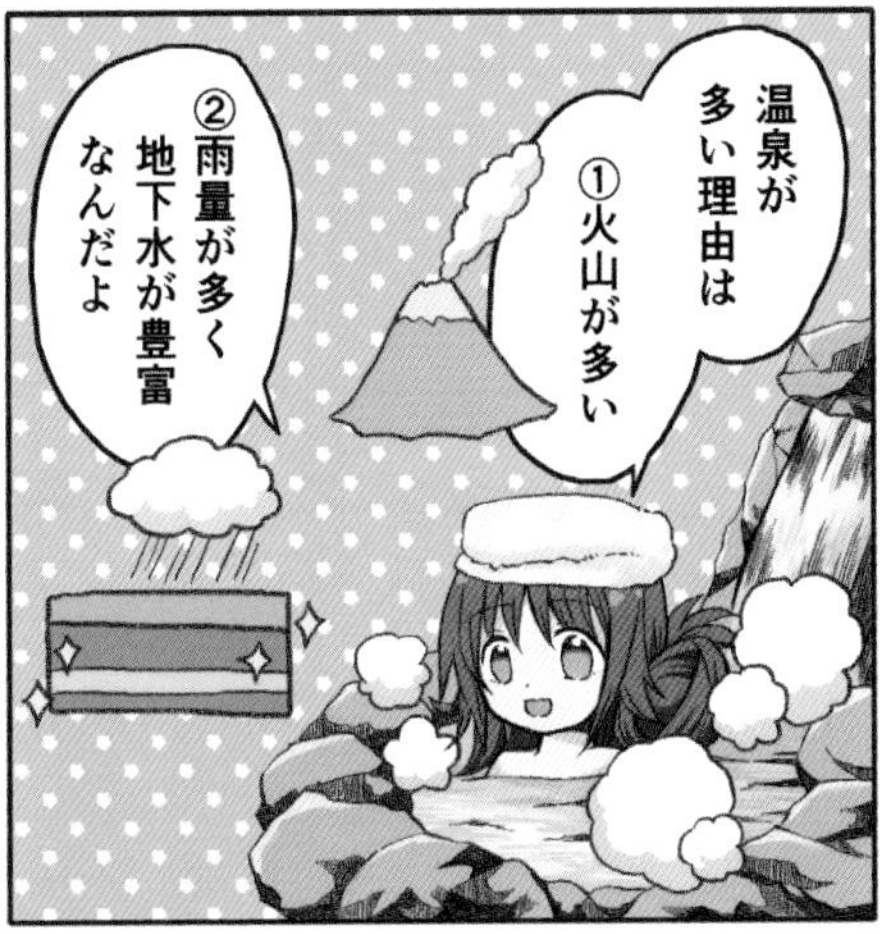
温泉が多い理由は①火山が多い
②雨量が多く地下水が豊富なんだよ

温泉がない
都道府県はゼロ。
日本はどこにでも
温泉がある国だな。

ミニ解説　大分県が湯の量で１位なのは、新しい断層（活断層）が多いため地下水が溜まりやすく、付近に火山が多いからなんです。

16

ウルルは大きな一枚岩　しかも双子

残丘

ウルル（エアーズロック）は、**オーストラリアの先住民アボリジニーの聖地**としても知られています。夕日に照らされた幻想的な光景を、見たことがある人もいるのではないでしょうか。

　さてそんな**ウルルは、大きな一枚岩**なんです。ウルルは非常に硬い砂岩層でできているため侵食されず、その形のまま残ったのです。こうした地形を**残丘**《ざんきゅう》といい、かつてはもっと土に埋もれていたようです。逆にいえば、ウルルの下にはまだまだ岩の部分があることになります。**あの見えている部分は全体の5％**に過ぎず、地中にはその本体が眠っているようです※。

　ウルルの50㎞先には、カタ・ジュタと呼ばれる大きな岩があります。実はこの岩は、ウルルの見えない部分が地中で**Vの字に曲がり、地表に現れた部分**なのです。つまり**ウルルとカタ・ジュタは同じ岩でできている双子**なのです！　驚きですね。ウルルを見る機会があれば、双子の兄弟であるカタ・ジュタも見に行ってください。

※実際に地中内部を確認したわけではなく、おそらくそうであろうといわれています。

ウルル（エアーズロック）

ウルルがまさか双子だなんて
びっくりだよね。
しかもこれが一枚岩だなんて、
想像もつかない大きさだ。

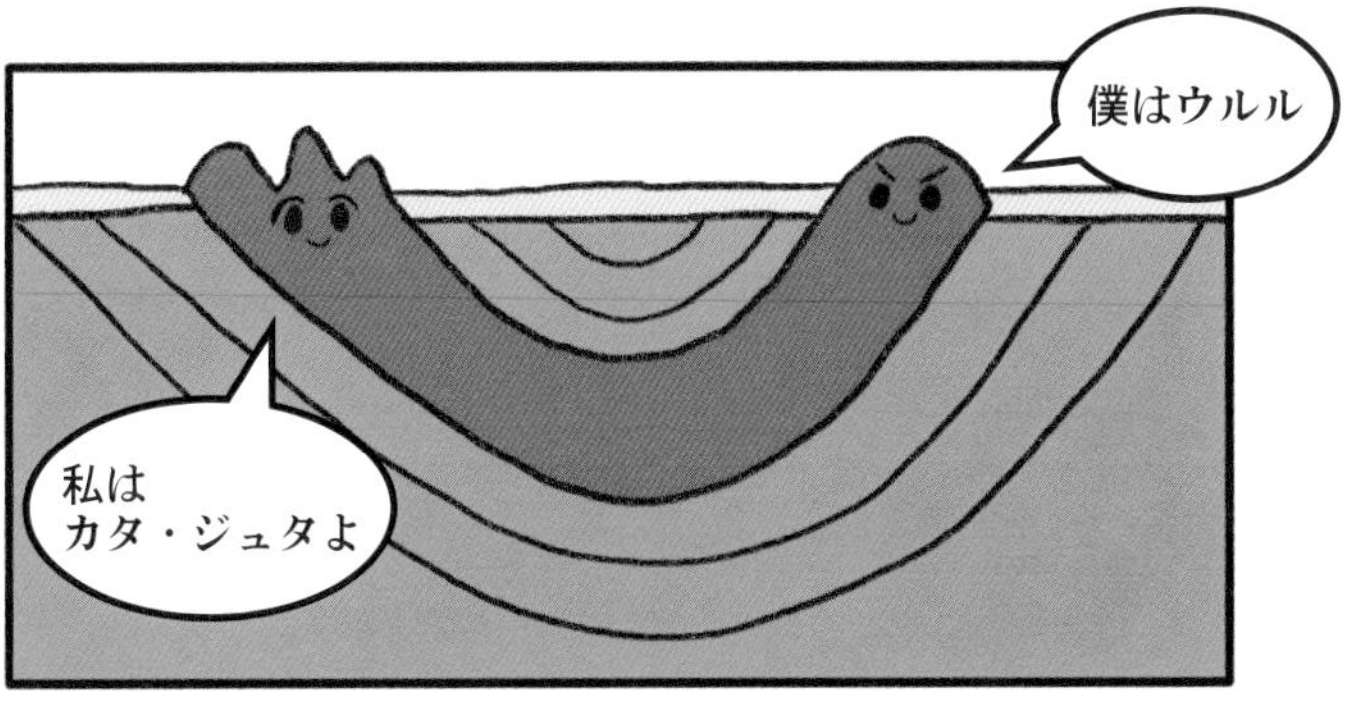
僕はウルル
私は
カタ・ジュタよ

ミニ解説 ウルルの高さは348mなので、東京タワーよりもちょっと高いぐらいです。

17

グランドキャニオンはまだ幼児?

侵食輪廻

アメリカの大絶景グランドキャニオンは、果てしない荒野、地の底が見えぬほどの谷など、地球の壮大さを感じさせる大峡谷です。でも人間に例えると、実は若者にもならない**幼児**だといったら驚きませんか?

　地理学者の**デービィス**は、この地形の成り立ちを「河川の侵食」で説明しました。**平野は河川が流れることによって急峻な谷になり、また再び平坦な土地に戻るというものです**(侵食輪廻)。

　平坦な土地に河川が流れると、その部分が侵食されて深くなっていき、急峻な谷が作られます。この時期を**幼年期**と呼びます。その後も侵食は進み、急峻な尾根や谷ができる壮年期に入ります。さらに侵食が進むと尖った部分は削られ、丸みを帯びた地形へと変化する老年期に入り、再び平坦な土地(準平原)へと戻ります。こうして地形は作られていくのです。

　そこでグランドキャニオンを見ていくと、急峻な谷は見られるものの、平坦な大地は残っていますよね。つまり、まだ幼年期なんです。**侵食輪廻の時間軸ではお子様なんですね。**

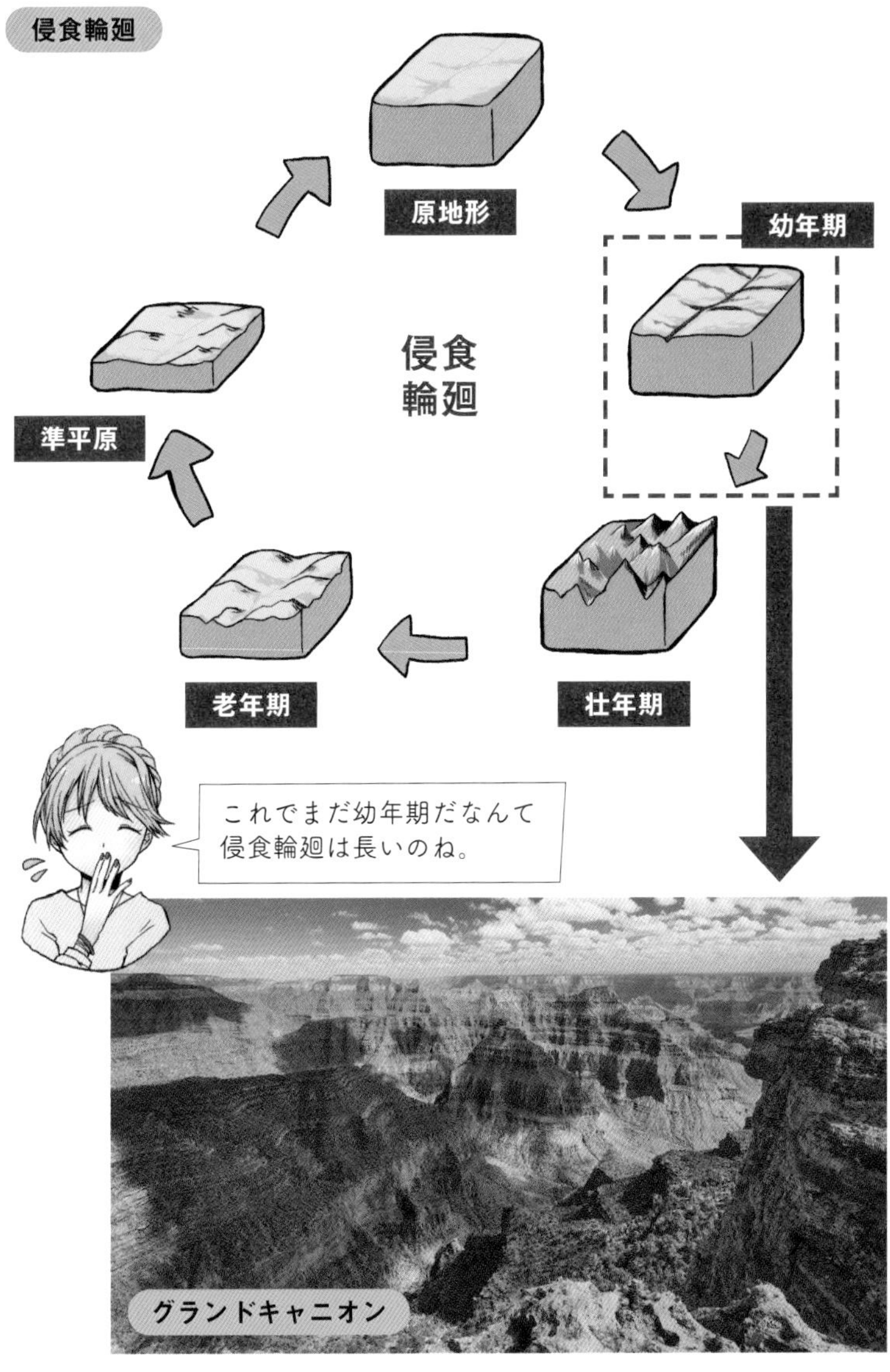
侵食輪廻
原地形
幼年期
壮年期
老年期
準平原
侵食輪廻
これでまだ幼年期だなんて
侵食輪廻は長いのね。
グランドキャニオン

ミニ解説　グランドキャニオンの岩肌には20億年分の地層が眠っているので、地球の歴史を知るために重要な場所とされています。

18 平野は最初から平らだったのか？

平野

私たちの住んでいる地域の多くは平野です。山地が7割を占める日本では、少ない平野を工夫して住宅地や農地、工業用地にしています。そもそも平野はどのようにして作られたのでしょうか？

平野とは、山地などに対して、広く平らな地形のことです。**最初から平らだったのではなく、削られて平らになった場所と、埋められて平らになった場所に分けられます。**

前者の、雨風などの風化侵食作用を長い間受けて**削られた地形を侵食平野**といいます。後者の、河川などによって土砂などが運搬された結果、谷や河口などが**埋められて平らになった地形を堆積《たいせき》平野**といいます。

日本は地殻変動が活発で、絶えず隆起、沈降を繰り返しているので、侵食平野はほとんど見られません。大半が河川などの運搬作用による堆積平野です。

ちなみに私の母校は、かつて丘だった場所を削って校舎を建て、ため池だった場所を埋め立ててグラウンドにしていました。侵食平野・堆積平野の両方を一度に見られる贅沢な学校でした。母校に感謝です。

平野の成り立ち

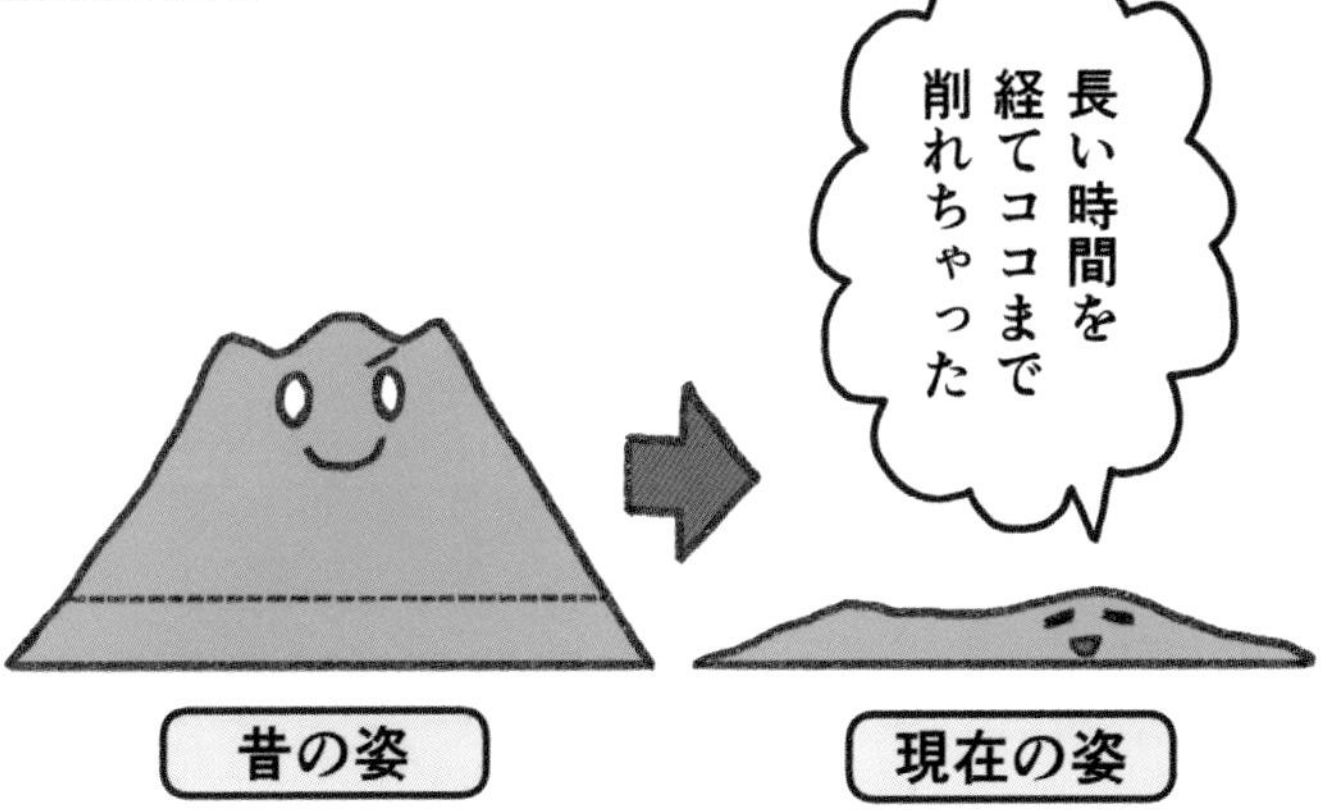
長い時間を経てココまで削れちゃった
昔の姿
現在の姿

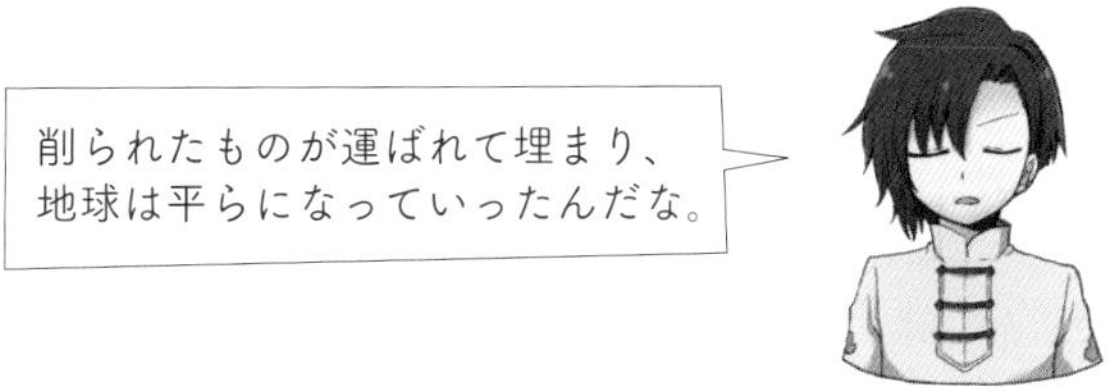
削られたものが運ばれて埋まり、
地球は平らになっていったんだな。

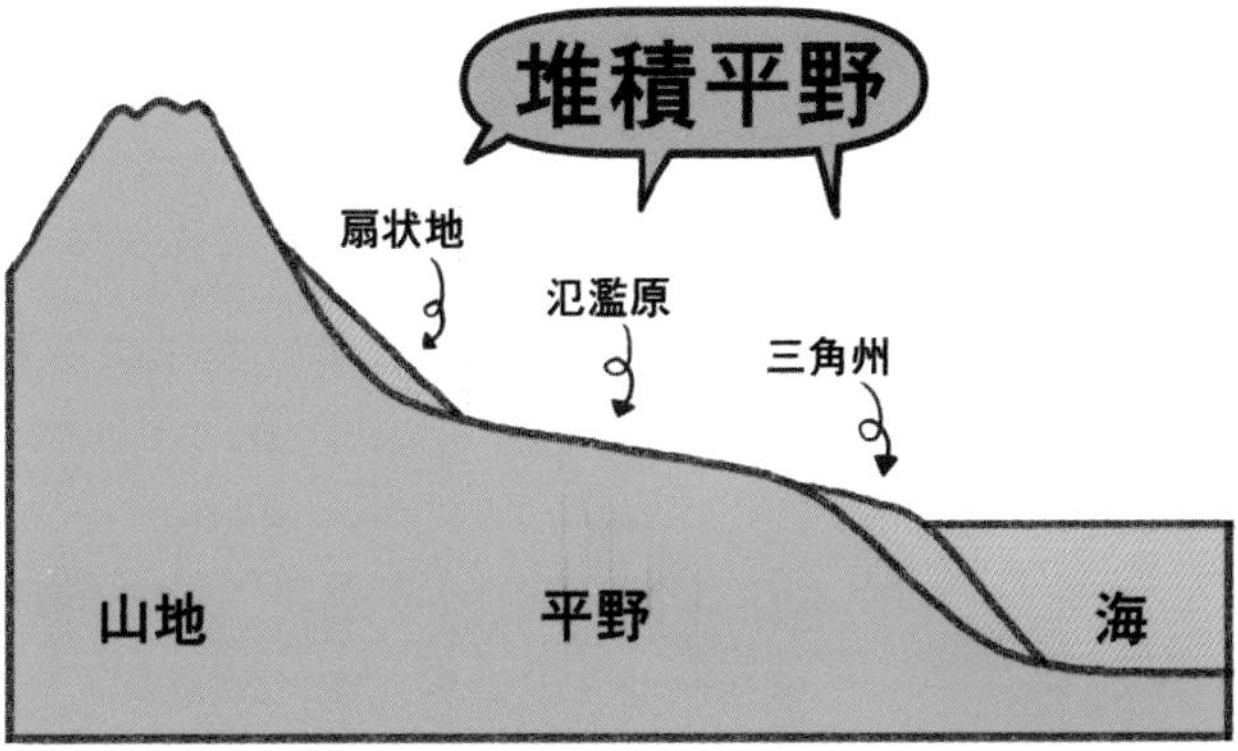
堆積平野
扇状地
氾濫原
三角州
山地
平野
海

ミニ解説　母校のグラウンドは池を埋め立てて造ったので、水はけが悪く雨が降るとすぐにドロドロになっていました。堆積平野の特徴をよく表していますね。

19

扇状地は3段構成の超効率地形

扇状地

「扇状地は扇形の地形をしている」と習ったきり、扇状地とは何なのかがわからないままの人も多いのではないでしょうか？

　扇状地は主に狭い山間地に見られます。山から流れ出た土砂が平野にどんどん堆積して形成されます。この地形は扇頂《せんちょう》、扇央《せんおう》、扇端《せんたん》の３つの部分に分かれているのが特徴です。

　頂上付近に位置している扇頂は、山間地との接合点にあたります。そのため都市と都市をつなぐ**交通の要衝として栄えた地域**もあります。しかし斜面があまりにも急な部分が多く、開発が進みにくい地域となっています（東京都の青梅のような例外もあります）。扇央は河川が伏流《ふくりゅう》（地下を流れる）しているため水を得にくく、住宅地などには適しませんでした。しかし**斜面になっているため日当たりが良く、果樹栽培や畑作などに適しています。**

　平野に近い扇端では、伏流していた河川が湧き出る場所（湧水帯）が見られるので、**住宅地や水田などが作られます。**そのため扇状地の住宅地はこの扇端に平行して見られるのです。様々な用途のある効率的な地形ですね。

扇状地

こんな感じで扇形に見える
ところから眺めたいね。

扇頂は谷口集落、
扇央は果樹栽培、
扇端は水田みたいに、それぞれ
利用方法が異なるんだ。

扇頂
扇央
扇端
谷口集落
山地
果樹園
湧水
水田
平野

ミニ解説　那須野ヶ原扇状地は、40000ha もあり日本最大級です。ちなみに山手線内は約 6300ha なので、相当広いですね。

20 天を流れる川がある

天井川

天を流れる川と聞くと、天《あま》の川《がわ》を想像する人も多いと思いますが、そうではなく、すぐ頭上を流れる川があるのです。**川底が周辺の地形よりも高い河川を天井川《てんじょうがわ》**といいます。場所によっては、トンネルの上を川が流れる不思議な光景を目にすることもあります。これは川の下にわざわざトンネルを掘ってできたわけではありません。どうしてこのような地形ができたのでしょうか？

河川が流れている場所には、洪水から身を守るために堤防を作ります。上流から運搬された土砂は川底に溜まりますが、それに伴って堤防も高くしなければなりません。川底が高くなる、堤防を高くする、この作業が延々と続いていくと、**周囲よりも高い位置を流れる天井川**となるのです。

滋賀県高島市には**百瀬川隧道《ずいどう》**という**天井川の下を通るトンネル**があります。この場所は百瀬川扇状地に位置しているため土砂が運ばれやすく、天井川になりやすいのです。近くに扇状地があったら探索してみると、天井川を発見できるかもしれませんね。しかし天井川は氾濫《はんらん》すると、川底が周辺地域よりも高いため、氾濫した水が河川に戻らないので水が引かず、被害が長引きます。

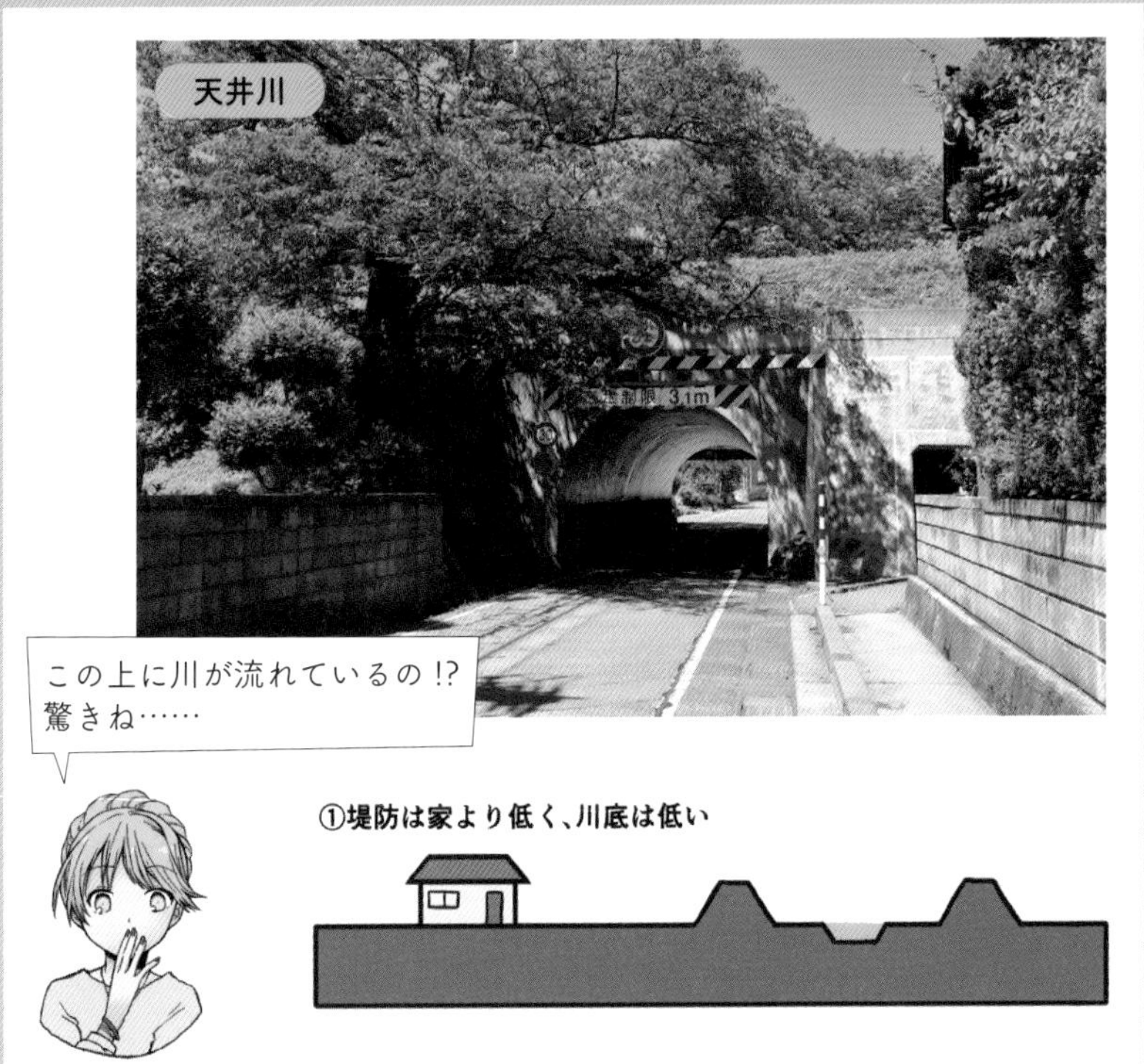
天井川
この上に川が流れているの⁉
驚きね……
①堤防は家より低く、川底は低い
②土砂が溜まり川底が上がるため、堤防を高くする
堆積していくうちにだんだんと川底が上がっていくのがポイントだな。
③川底が上がるたびに堤防を高くする。
川底が家より高くなり、天井川となる

ミニ解説 天井川は全国に240あるといわれています（2014年）。そのうち80は滋賀県にあるようです。

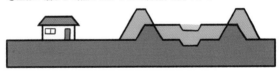

21

三角形じゃなくても三角州

三角州《さんかくす》と聞いて、何を思い浮かべますか？　三角形の地形だろうと思う人も多いでしょうが、**実は三角形じゃない**三角州もあるのです。

　そもそも三角州とは何なのでしょうか？　**三角州とは河川の上流から運ばれてきた土砂などが河口付近に堆積してできた地形**のことです。運ばれてきた土砂などは海にも流れ込みますが、海からは波の力で、堆積した地形を侵食していきます。この運ばれてくる土砂の量と、侵食する波の作用のバランスによって三角州は姿を変えていきます。

　一般的に三角州と呼ばれているものは、**円弧状三角州**と呼ばれるもので土砂の量と侵食の力が拮《きっ》抗《こう》している時に見られます。土砂の運搬量が多い場合、より遠くまで土砂が運ばれて、**鳥趾《ちょうし》状三角州**と呼ばれる地形になります。地形が鳥の趾《あし》のように見えることからその名がつきました。

　逆に海からの侵食力が強い場合は、地形が削られ先端が尖った**カスプ状三角州**と呼ばれる地形になります。三角形ではないのに三角州なんです。

近年、黄河のように土壌侵食や森林伐採の影響で河口に運ばれる土砂の量が増え、円弧状から鳥趾状へ変化したところもあるようです。

三角州

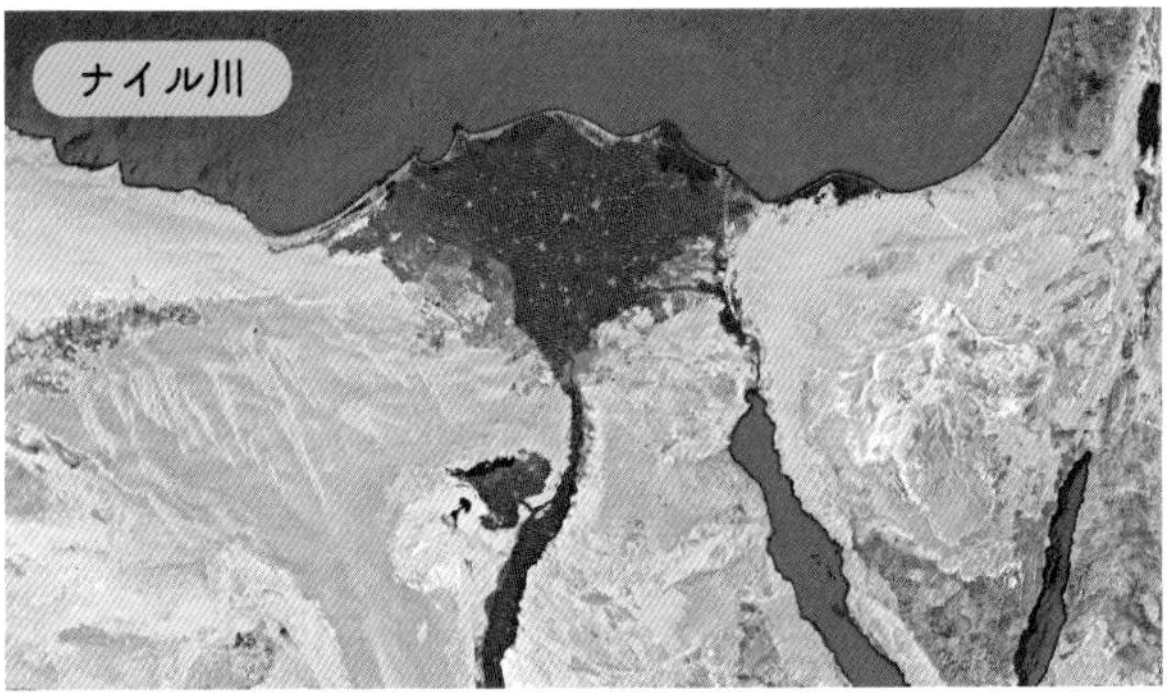
ナイル川

©Google

バランスのとれた
円弧状三角州だよ。

ミシシッピ川

土砂の量が多い
鳥趾状三角州だな。

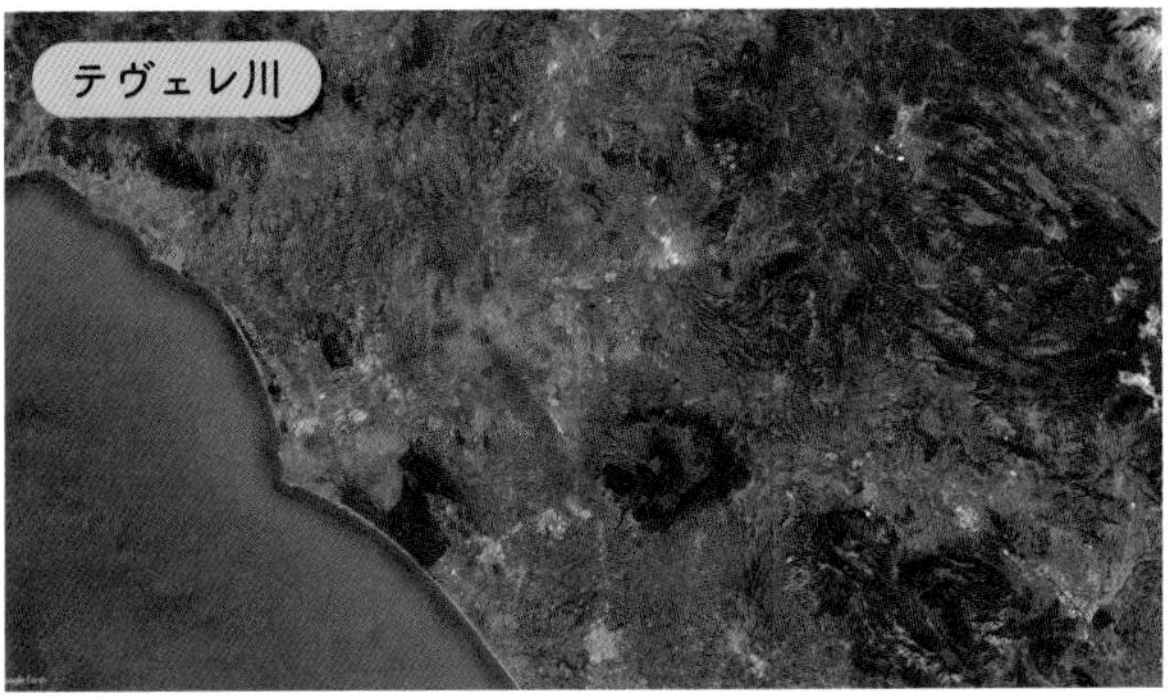
テヴェレ川

波の侵食が強い
カスプ状三角州ね。

ミニ解説　三角州の「州」には「川の中にできた島」という意味もあります。漢字からも河川で見られることがわかりますね。

22

洪水の被害を受ける場所、受けない場所

氾濫原

日本の河川は勢いが強く、古くから洪水の被害をもたらしてきました。ニュースなどで河川の増水によって浸水した家屋を目にすることもあります。洪水が起きても**被害を受けにくい場所がわかれば安心できますよね。**どんな場所だったら安全なのでしょうか？

洪水の被害を受けやすい地域の一つが氾濫原《はんらんげん》です。この地域は主に**自然堤防**と**後背湿地《こうはいしっち》**に分けられます。河川は洪水時に流路を変えて流れることがあり、その結果、うねうねと蛇行《だこう》した流路を形成します。この蛇行の曲がり角には土砂が溜まりやすく、微高地《びこうち》ができます。この場所を**自然堤防といい、周囲よりも高くなっているため洪水の被害を受けにくいので家が建ち並びます。**

それに対し、微高地の周辺は洪水の被害を受けやすくなります。この地域を**後背湿地といい、洪水時に浸水するので、あえて水田などにしている場所も多くあります。**その他に、かつて河川が通っていたが洪水などによって流路が埋まり、湖状になった三日月湖も見られます。同じ河川の近くでも、家や水田の位置から、その地形がわかるのです。

河川の近くなのに家屋が建っている場所は自然堤防の上だと思われる。
河川から離れている場所にも集落が見られるな。
三日月湖
石狩川の氾濫原
©Google
氾濫原の多くは水はけの悪い後背湿地になっているね。家の目の前に水田があるのが特徴的だね。

ミニ解説　自然堤防は微高地なので、10m ごとの等高線では判別できませんが、集落の位置などで判別することができます。

23

台地の時代が来た

台地

日本の平野と山地の割合は3：7で、山地の方が多いです。では都市が発達しやすいのは平野と山地のどちらでしょうか？　それはもちろん平野です。**ほとんどの大都市は平野にあるのですが、**最近は「**台地**」に注目が集まっています。

台地とは周辺よりも高くなっている地域を指します。上部が平坦になっているので、家を建てやすく見晴らしが良いという利点があります。

しかし周辺に河川や地下水などがないので水を得にくく、坂や斜面は移動しにくいという欠点もあります。そのため台地の上は林地で、台地の下に都市が形成されやすい傾向があります。

近年、その斜面を盛り土（土を盛って平坦にすること）し、新たな土地を生み出している地域も増えてきました。またインフラ工事も進み、住宅地だけでなく、大規模な商業施設や工業用地としての活用も進んでいます。その一方で、無理な開発により、従来は起きなかった場所で土砂災害が起きるなどの問題もあり、台地の利用には慎重さが求められています。ちなみに台地の上は「坂上」、台地の下は「坂下」のように、地名で判断できる場所もあります。

©Google

上空から見てみると
木々に覆われている場所と集
落や水田が集まっている場所
が点在しているよね。

台地の上は木々が
かたまっていて台地の下
には集落や水田が集まり
やすいんだ。
台地の上は地下水を
得にくいから開発が遅れて
いるんだよね。

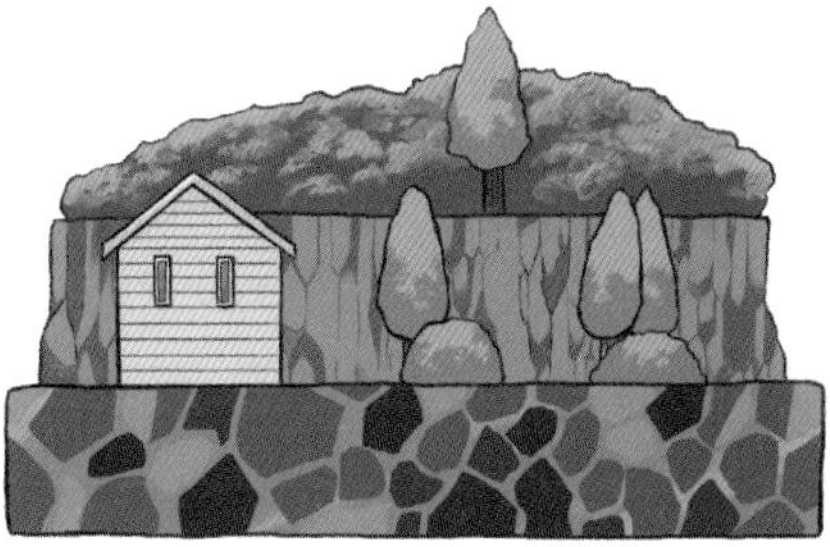

こんな風に木々
に囲まれたステキな
おうちが特徴ね。

ミニ
解説　神奈川県の相模原市のように、台地の上に都市、台地の下に集落が広がっている地域もあります。

24

天橋立はやせたり太ったり？

砂州

日本三景の一つに天橋立《あまのはしだて》があります。京都府の阿蘇海《あそかい》を塞ぐようにまっすぐ伸びている天橋立は龍が飛んでいるようにも見えるため飛龍観《ひりゅうかん》とも呼ばれています。この美しい地形はどのようにして形成されたのでしょうか？

今から６０００～８０００年前は何もなかったようです。野田川から運ばれてきた土砂が阿蘇海に流れ込み、それとは別に海から運ばれてきた砂も流れ込んできます。この両方が互いにぶつかり、均衡がとれた場所に土砂が積もっていきます。こうした過程を何千年も繰り返し、今から約２０００年前には現在のような形になったようです。このように、**沿岸流などによって堆積した砂《さ》礫《れき》が細長く伸びた地形を砂州《さす》**といいます。つまり天橋立は、砂の堆積によって形成された地形ということです。

しかし近年、供給される土砂の量がダム建設などにより減り、**年々細くなっている**のです。そこで１９８６年より砂州の先端部に溜まった砂を付け根側の海に投入するサンドバイパス工法という工事を行い、細くなった**天橋立を太らせる養浜工事**を行ったのだそうです。

天橋立

下界と天界をつなぐ梯子が倒れてできたという伝説があるわ。
貴重な自然を人工的に守る活動も大切なんだよね。

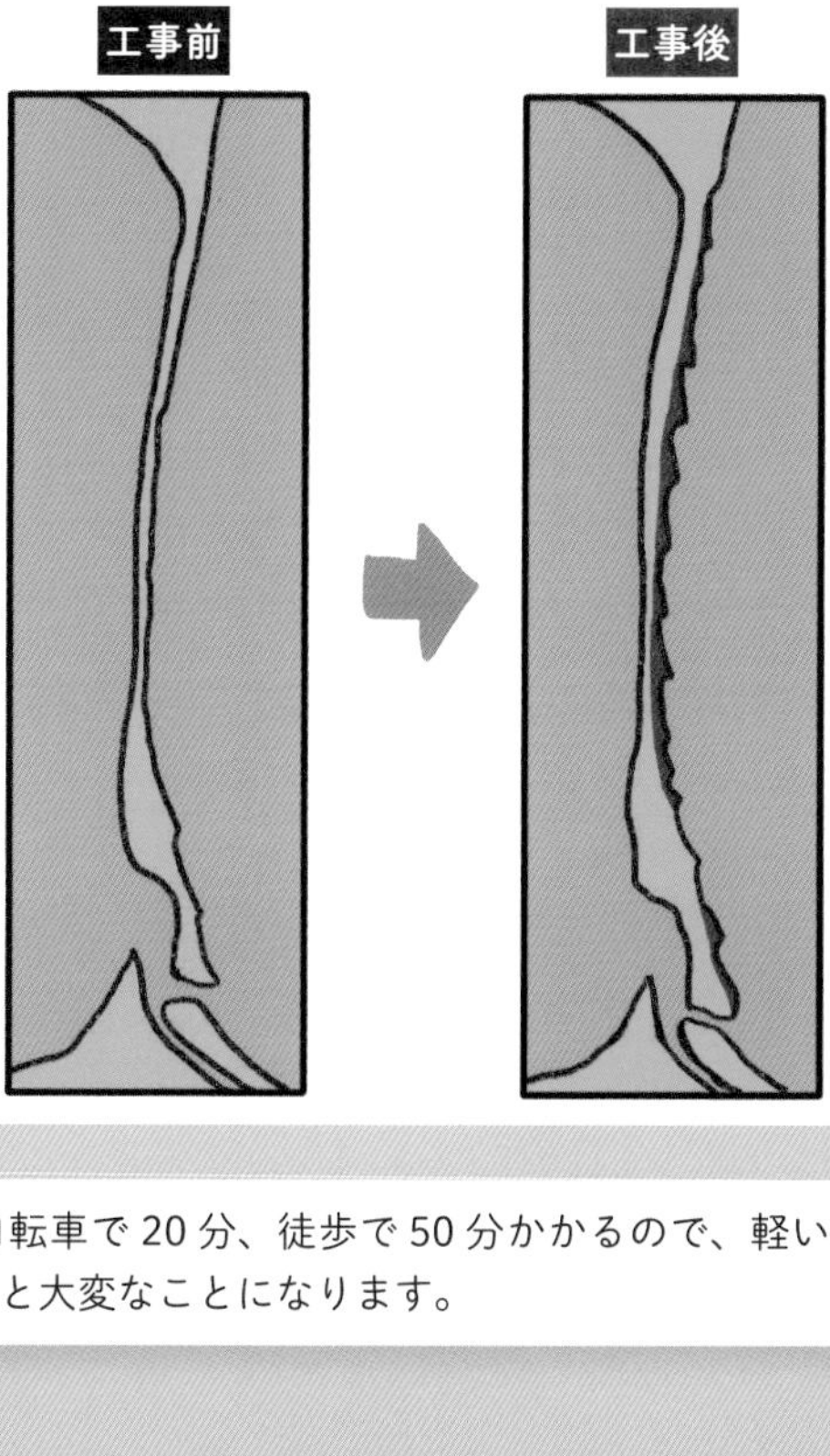
工事前
工事後

ミニ解説 天橋立を渡るには自転車で 20 分、徒歩で 50 分かかるので、軽い気持ちで歩き始めると大変なことになります。

25

函館はもともと島だった

陸繫砂州

函館《はこだて》の夜景ってとってもきれいですよね。海と海の間に挟まれた部分がなんともいえない光景を作り出しています。そんな函館は、**かつて独立した島だった**って知っていましたか？

函館は太古の昔に噴火によってできた島です。約5000年前には人々がそこで生活していたことが発掘調査でわかっています。当時は北海道本土とは離れればなれだったようですが、約3000年前にはくっついていたようです。

なぜくっついたのでしょうか。それには沿岸流が影響しています。まず島だった函館に向かって波が押し寄せてきます。波とともに運ばれた砂は北海道本土と函館の間にどんどん溜まっていきます。そうして積もってできたのが**陸繫《りくけい》砂州《さす》（トンボロ）で、函館を代表する地形となりました。**つまり、左ページの写真のような、函館の夜景のくびれたところは、何千年もかかって積もった砂地であるということです。

かつては島だった函館も、今では陸路でつながった北海道有数の観光地として栄えています。訪れた際には思い出してみましょう。

函館の夜景

日本三大夜景だけでなく
世界三大夜景にも
選ばれているんだよな。

函館はここよ
くびれているところじゃないのよ
夜景のくびれでかんちがいする人もいるけど……

日本三大夜景
- 函館山（北海道函館市）
- 摩耶山掬星台（兵庫県神戸市）
- 稲佐山（長崎県長崎市）

世界三大夜景
- 香港　・ナポリ　・函館

ミニ解説　函館の夜景を渡島《おしま》半島だと思っている人も多いので、あの夜景は函館のトンボロ地形だと教えてあげましょう。

26

サンゴ礁は3兄弟 裾礁・堡礁・環礁

サンゴ礁

海の中には色とりどりのサンゴ礁《しょう》が広がっている場所があります。美しいサンゴに癒やされる人もいますよね。そんなサンゴは動物に分類されるって知っていましたか？

一見すると岩とか植物にも思えますが、**イソギンチャクなどと同様の刺胞《しほう》動物**なんです。さらに形態によって3つに分類されます。

サンゴは光合成をするため（動物なのに光合成をするんです）、太陽光の当たる浅瀬に生息しています。そのため海岸線近くにサンゴ礁を形成します。これを**裾礁《きょしょう》**といいます。

陸地が長い年月をかけて沈降したり、海面が上昇したりする一方で、サンゴ礁は海面を目指して上へ成長していくため、陸地との距離が遠ざかるものもあります。陸地から少し離れた場所に形成されるサンゴ礁を**堡礁《ほしょう》**といい、オーストラリアのグレートバリアリーフが有名です。

そして、海面上昇などが進み完全に陸地がなくなってしまったものは**環礁《かんしょう》**といい、この上で生活している人々もいます。サンゴの上に家があるなんて、夢のような世界ですね。

グレートバリアリーフ

グレートバリアリーフは
世界最大級の堡礁だよ。

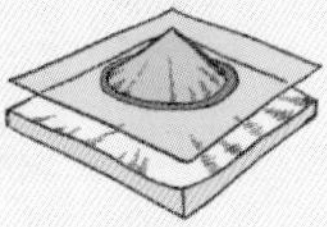

裾礁
海岸線に接するように発達したサンゴ礁
例：小笠原諸島

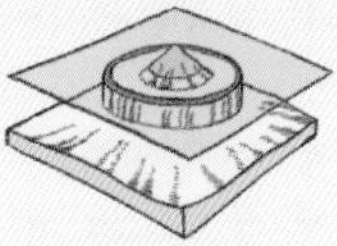

堡礁
沖合に発達したサンゴ礁
例：グレートバリアリーフ

環礁
島や陸がなくサンゴ礁がリング状に発達している
例：モルディヴ、ビキニ環礁

ポイントは
島がどれぐらい
沈降しているかね。

ミニ解説　宝石のように美しいサンゴを宝石サンゴ、浅瀬に生息しサンゴ礁を作るサンゴを造礁サンゴといいます。

27

リアス海岸の「リアス」はどんな意味？

リアス海岸

海岸線がギザギザしている地形をリアス海岸といいます。小学校で習ってはいるけれど、意味は覚えていない。でもなぜか印象に残っているワードの一つですね。リアスって響きがカッコいいからでしょうか？

さて、そんなリアスの意味はなんと「入江《いりえ》」！　そのまま日本語に訳すと「入江海岸」！　なんだか変な感じがしますね。

リアスの語源はスペインにあります。スペイン北西部ガリシア地方には、多数のギザギザした入江が見られます。この地を訪れたドイツの地理学者リヒト・ホーフェンは、スペイン語で入江を意味する「Ria」（リア）を複数形にして、各地で見られる同じような地形にこの名をつけたそうです。

この地形は、海岸線に対して垂直に開いた入江なので船を停めやすく、波も穏やかなので、漁港や養殖場として使われてきました。

日本でも三陸海岸や志摩半島、若狭湾など、漁港や養殖場として栄えています。名前の響きだけでなく、私たちの生活にも役立つ海岸だと理解しましょう。

入江
ガリシア地方
スペイン
入江がいっぱいだな。波が穏やかになるから港や養殖場として利用されているな。
写真は「**志摩半島**」の様子だよ。複雑に入り組んだ入江が多数あり、船着き場や養殖場が見られるんだ。
志摩半島のリアス海岸

ミニ解説 リアス海岸は地盤の沈下や海面上昇によって形成された沈水海岸の一つです。島が沈んでいるようにも見えます。

28

アルゼンチンが南米のパリと呼ばれる理由

三角江

左の写真を見てみましょう。ヨーロッパ風の建物が並んでいますが、これらの建物は南アメリカ大陸のアルゼンチンにあるんです。なぜこのようなヨーロッパ風の建物が並んでいるのでしょうか？　これにはアルゼンチンの地形が大きく関係しています。

アルゼンチンの首都ブエノスアイレスの河口はラッパ状になっており、この地形を三角江《さんかくこう》（エスチュアリー）といいます。この地形は、河口付近が沈降したり、海面が上昇したりすることによって形成される**沈水海岸**（**沈降海岸**）の一種なんです。

沈水海岸は水深が深いので港を形成しやすく、**大航海時代以降、ヨーロッパからの植民者たちの拠点として栄えました。**

町ができた当初は、広大な平野と近くを流れるラプラタ川しかなく、「**偉大な田舎町**」と呼ばれていたようです。次第に増えていくヨーロッパ人たちが自分たちの文化を建築に投影し、南米のパリと呼ばれる町を形成していきました。それを知ってからあの河口を見てみると、多くの移民を受け入れてきた入口のようにも見えてきませんか？

料金受取人払郵便

牛込局承認

6035

差出有効期間
2026年5月9日
まで

(切手不要)

郵便はがき

162-8790

東京都新宿区
岩戸町12レベッカビル
ベレ出版

読者カード係　行

お名前	年齢

ご住所　〒

電話番号	性別	ご職業

メールアドレス

個人情報は小社の読者サービス向上のために活用させていただきます。

ご購読ありがとうございました。ご意見、ご感想をお聞かせください。

● ご購入された書籍

● ご意見、ご感想

● 図書目録の送付を　□ 希望する　□ 希望しない

ご協力ありがとうございました。
小社の新刊などの情報が届くメールマガジンをご希望される方は、
小社ホームページ（https://www.beret.co.jp/）からご登録くださいませ。

ブエノスアイレス
Subte
PROSEGUR

ここは南米なの？
まるでヨーロッパの街並みみたいね。

ブエノスアイレス
アルゼンチン
三角江

三角江は港を作りやすい地形
だから、南米の玄関口として
発展していったんだよ。

ミニ解説　ブエノスアイレスはスペイン語で「良い空気」という意味です。都市の雰囲気がわかる良い名前ですよね。

29

砂がなくても砂漠!?

砂漠地形

砂漠といったら、「砂」が果てしなく続く大地を想像する人も多いと思いますが、そんな砂漠は砂漠全体の2割しかないって知っていましたか？

砂漠は大きく分けて**岩石砂漠**、**礫砂漠**、**砂砂漠**の3つがあります。砂漠の大半は、ゴツゴツした岩石で構成されている岩石砂漠です。イメージしていた砂漠とは大きく異なりますよね。そもそも砂漠とは何なのでしょうか？

砂漠の定義は「水分が少なく乾燥した地域」で、**雨で潤うよりも乾燥する方が多い地域が砂漠にな**るってことなんです。砂が辺り一面に広がっているから砂漠ではないんですね。

でも「砂」って漢字が入っているので、砂漠といったら砂のイメージが強い人も多いと思いますが、「さばく」は「沙漠」とも書きます。「日本沙漠学会」さんの表記も沙漠となっています。こちらの方が本来の意味としては正しそうな気がしますね。ちなみにこの定義に当てはめると、**世界最大の砂漠は南極**だそうです（諸説あり）。日本の**砂漠は伊豆大島の裏砂漠のみ**です。鳥取県にあるのは砂丘（風で運ばれた砂が丘状になった地形）なので違うんです。意外ですよね。

岩石砂漠
砂漠は水分が少ない乾燥した地域のことだからこれも砂漠に該当するのよね。
砂漠というとこんな感じを想像しがちだけど、全体の2割程度しかないんだよな。
サハラ砂漠

ミニ解説　下段の写真のような砂ばかりのイメージがあるサハラ砂漠も、砂砂漠は2割で、礫砂漠が7割以上を占めているようです。

30

ウユニ塩湖が鏡になるのはなぜ？

塩湖

ウユニ塩湖をご存じでしょうか？　湖が鏡のように空や雲を映し出している写真を見たことがあると思います。この幻想的な光景を作り出しているのが、ボリビア南西部のアンデス山脈にあるウユニ塩湖です。

しかもこの湖はなんと**標高3700m**にあるんです！　富士山と同じような高さにあるなんて驚きですよね。では、なぜこの場所は鏡のようになるのでしょうか？

これには、ウユニ塩湖の地形的特性が関係しています。**実はウユニ塩湖といっていますが、普段は水がなく、ウユニ塩原と呼ばれています。**ひとたび雨が降るとわずか数cmの水が溜まり、ウユニ塩湖となります。この塩原は水平に広がっていて凸凹が少ないので鏡状になりやすいのです。普段私たちが見ている他の湖は、湖底が器のように湾曲していたり、凸凹があったりするので反射しにくく、鏡になりにくいんですね。

したがってウユニ塩湖の鏡を見るためには、①**前日が雨、②晴れている、③無風状態**、でなければなりません。行っても見られないこともある奇跡の光景ですね。

ウユニ塩湖

ウユニ塩湖が鏡みたいに見える条件は
①前日が雨
yesterday
②晴れている
③無風状態
みられる確率は10%未満らしい……

ウユニ塩湖が富士山と同じくらい高いところで見られるなんて驚きだよね。

ミニ解説 ウユニ塩湖の面積はおよそ12,000㎢あります。これは新潟県と同じくらいの面積で、かなり広大なんです。

31

ベルリンはかつて氷に覆われていた

氷河地形

氷河期と聞くと、凍える吹雪が吹き荒れ、マンモスが氷漬けになっているイメージを持っている人もいると思います。

今から2万年前の最終氷期頃の北半球は、カナダの大半や北欧地域、ドイツのベルリン周辺まで氷で覆われていたようです。アルプス山脈の中央部も氷帽《ひょうぼう》（アイスキャップ）と呼ばれる氷河に包まれていました。

氷河は侵食力が強く、地面をガリガリ削っていきます。**頂上が尖ったホルン（ホーン）**や、**半円型の窪地のようになったカール**と呼ばれる地形を作るなど、周りの姿をどんどん変えていきます。こうした地形を**氷河地形**といいます。

氷河は山地だけでなく台地も削り、大きな穴になる時もあります。氷河によって削られた大地に水が入り込み、**氷河湖**という湖をもたらします。その**代表例がアメリカ、カナダにまたがる五大湖**なんです。五大湖は氷河期の時代に広がった氷河が作り出した作品なのです。ナイアガラの滝もその時にできました。氷河期に生物は多く死に絶えたようですが、地形は活発に姿を変えていたようです。

マッターホルン
アルプス山脈の中央部が氷河に包まれていたなんて本当かよ……
ベルリン
青で塗られたかつての氷河の範囲を見ると本当に広大ね。この地域は凍っていたから土壌が発達せず、やせた土地が多いのも特徴の一つね。
五大湖は氷河によって作られた氷河湖の代表例。

ミニ解説 氷河期の頃は今よりも海面が120mほど低かったようです。蒸発して地上に降った水分が凍ったまま流れなかったからだそうです。

32

実は生活に欠かせない石灰

石灰岩

石灰と聞いて何を思い浮かべますか？　黒板に書くチョークやグラウンドに引かれた白線などを思い浮かべると思います。でももっと身近なものにも使われているんです。それはセメントです。**セメントは石灰岩から作られており、コンクリートなどに利用されています。**「20世紀は鉄とコンクリートの文明」という言葉があるほど、原料となる石灰岩は私たちの生活に欠かせないものです。

　歴史をさかのぼれば、エジプトのピラミッドにも石灰岩が使用されていますし、日本のお城の白壁に使用されている漆喰にも含まれています。しかも**石灰はなんと国内自給率ほぼ１００％**なんです。資源の少ない日本でなぜそんなに自給率が高いのでしょうか？

　石灰岩はサンゴから作られています。太平洋の海底火山上に形成されたサンゴ礁が長い年月をかけて石灰岩層となります。その後、海洋プレートの移動とともに大陸にぶつかり、押し上げられたのが石灰岩地形です。そのため日本には石灰岩の山のような地形も見られ約２５０もの石灰岩鉱山があるようです。何億年もかけて作られた資源に感謝ですね。

秩父武甲山

石灰岩の山を削った様子はまるでピラミッドね。
石灰はチョーク、白線セメントなど生活に欠かせない資源なんだよ
秩父武甲山の石灰岩は推定可採粗鉱量約４億トンもあるようよ。
セメント

ミニ解説 石灰にはゴミを焼却する際に出るガスを中和する効果があり、鳥インフルエンザが発生した時にまかれる消毒剤としても役立っています。

ジオと一緒に旅行すると楽しいよな
良子！
そうね 私も千鶴ちゃんと同じ意見よ
えー！ほんと!?
景色見ても「キレイだなー」としか思ってなかったけれど見方を知ると感想が増えるよな
もしかしてカール？
山の名前は？何岩？
この湖は何湖？
この時期に紅葉してるということは？
同じ場所でも学んだ後では見え方も違うわね 解像度が上がった気がするの
もー！二人とも褒めすぎ!!
まーでもそのせいで目的地に辿り着かないこと増えたけどな……
ごめん……
旅行は計画的に

第2章

気候

33

標高が高くなるとお菓子の袋が膨らむのはなぜ?

気圧

天気予報などで「今日の気圧配置は〜」とよく耳にしますが、「**気圧**」とは何なのでしょうか? 簡単にいうと「空気の圧力」のことです。そのまんまの意味ですね。

この圧力は、地上でどのぐらいの重さに相当すると思いますか? **1㎠あたりなんと約1kg**もあるんです! 想像していたよりも重いと思いませんか。この値を1気圧といいます。1気圧でそれだけの力がかかっているのなら、押しつぶされちゃいそうですよね。でも安心してください。その力を押し返す力が体内で働いているのでバランスがとれているのです。

気圧は、標高の低い場所ほど高くなる傾向にあります。空気の圧力なので、低い場所の方が上空までの空気の量が多くなるため、力が強くなるのです。逆に標高の高い山などに行くと気圧は低くなります。すると気圧を押し返す力の方が強くなります。山に登った際にお菓子の袋などが膨らむのはこのためです。

気圧のイメージがわかれば、**低気圧は空気の圧力が弱い場所**で、**高気圧は強い場所**ということがわかります。

気圧
気圧
気圧
POTATO
気圧
気圧
気圧で押しつぶす力と
それを押し返す力の
両方が働いてるんだ。
気圧が小さいと
押し返す力が強くなる
から膨らむのよね。
!

ミニ解説 空気の重さは1リットルあたり約 1.2g です（温度 20℃、湿度 65%、1 気圧の場合）。

34

大気を統べるシステム 大気大循環

地球上で一番寒い場所は北極と南極で、一番暑い場所は赤道というイメージがありますよね。これには太陽光エネルギーが関係しています。

地球が受けている**太陽光エネルギーは緯度によって異なり、赤道付近の低緯度は大きく、北極などの高緯度では小さくなります。**低緯度で受け取ったエネルギーが高緯度に運ばれるシステムを**大気大循環**といい、これにより地球上の温度はコントロールされているのです。**もしもこの循環がなければ、赤道はもっと暑く、北極はもっと寒くなります。**

赤道付近で暖められた空気は、上昇気流となって**熱帯収束帯**を形成します。上昇気流は緯度20～30度付近で下降気流となり、**亜熱帯高圧帯**を形成します。逆に極付近はとても寒く、**極高圧帯**を形成します。

極高圧帯と亜熱帯高圧帯に挟まれた場所は両方の気圧帯から風が流れ込むため、上昇気流を発生し**亜寒帯低圧帯**を形成します。このような空気の流れが頻繁に起こるため、地球上の温度は一定に保たれるわけです。空気も生き物のように動いているのですね。

大気大循環

大気大循環

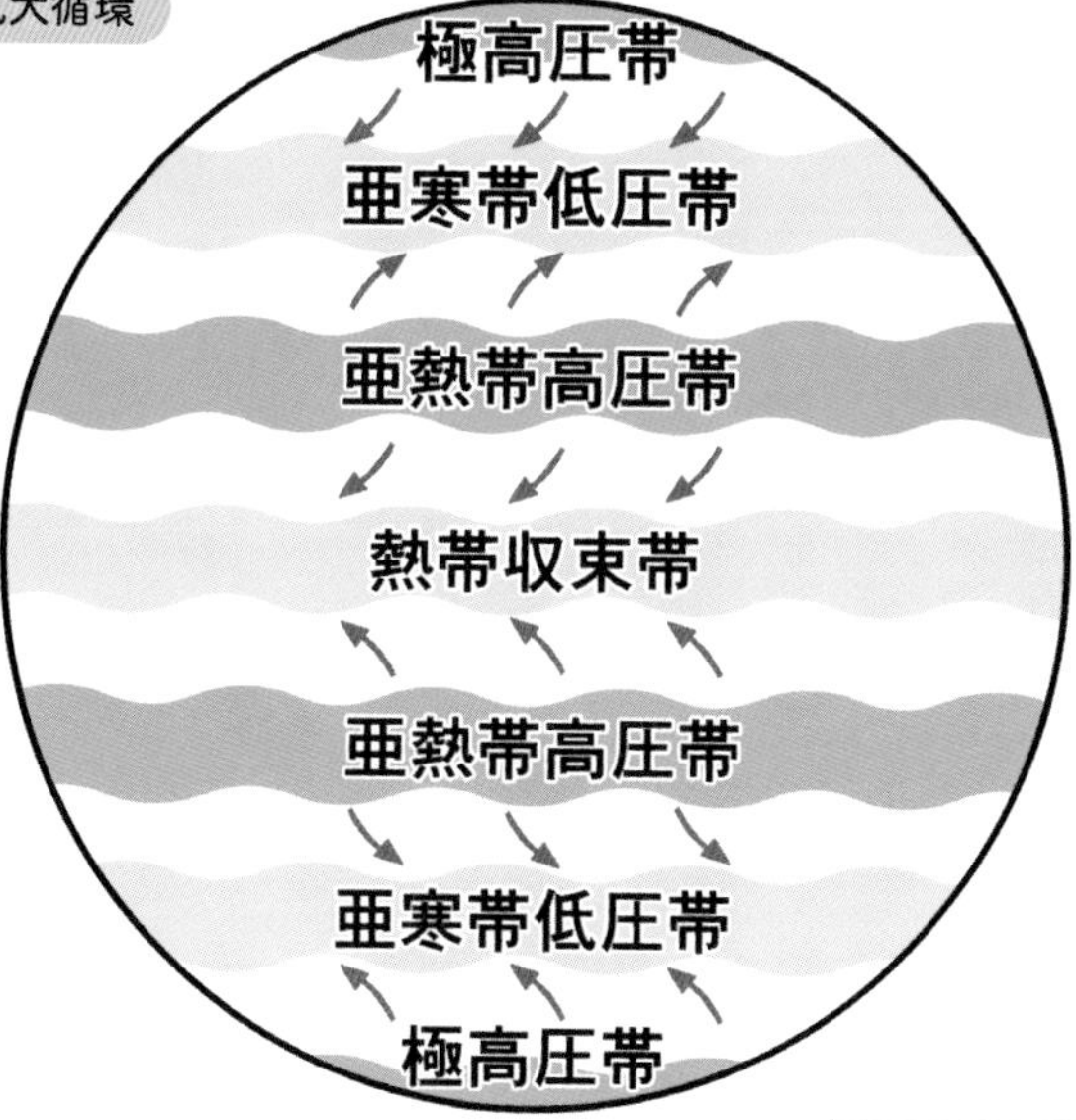
極高圧帯
亜寒帯低圧帯
亜熱帯高圧帯
熱帯収束帯
亜熱帯高圧帯
亜寒帯低圧帯
極高圧帯

亜熱帯高圧帯
熱帯収束帯
赤道付近で暖められた空気は上昇気流となって熱帯収束帯を作るよ
暖められた空気は緯度30度付近で下降気流となって亜熱帯高圧帯となるんだ
こうして地球の熱交換が行われているんですね

高圧帯から低圧帯に向かって風が吹くんだ。これによって空気が循環しているんだぜ。
これがわかれば天気予報の気圧配置図で風向きもわかるな。

ミニ解説　大気の循環に対し、海洋の水が循環することを海洋大循環といいます。

35

常に同じ方向に吹く偏西風とは？

偏西風

「ヨーロッパには偏西風が吹くので気候が比較的温暖である」というように習った人もいると思います。では偏西風とは何なのでしょうか？　文字通り西に偏った風で、常に西から東に向けて吹いていています。なぜ常に同じ方向に吹いているのでしょうか？　これには気圧帯の位置が関係しています。

偏西風とは、亜熱帯高圧帯から亜寒帯低圧帯に向けて吹いている風のことです。基本的に風は気圧の高いところから低いところに向かって吹くので、常に同じ方向に吹いていています。そうであれば北半球では南風になり、南半球では北風になりそうですよね。しかし地球は自転しているので、その影響を強く受け西寄りの風になるのです。

偏西風の吹く地域では、暖流が大気を暖めてくれるおかげで温暖な気候になりやすい傾向があります。また、木々も同じ方向から風を受け続けるため、一定方向に偏った形の偏形樹と呼ばれる樹木も見られます。

風の吹く方向は、気候だけでなく植物にも大きな影響を与えているのですね。

偏形樹
偏西風

風が一定方向から常に吹いているせいで木が変形しているわね。

亜熱帯高圧帯から亜寒帯低圧帯に向けて吹いているのがわかるな。こうした年中一定方向に吹く風を恒常風というんだ。偏西風はその一つだな。

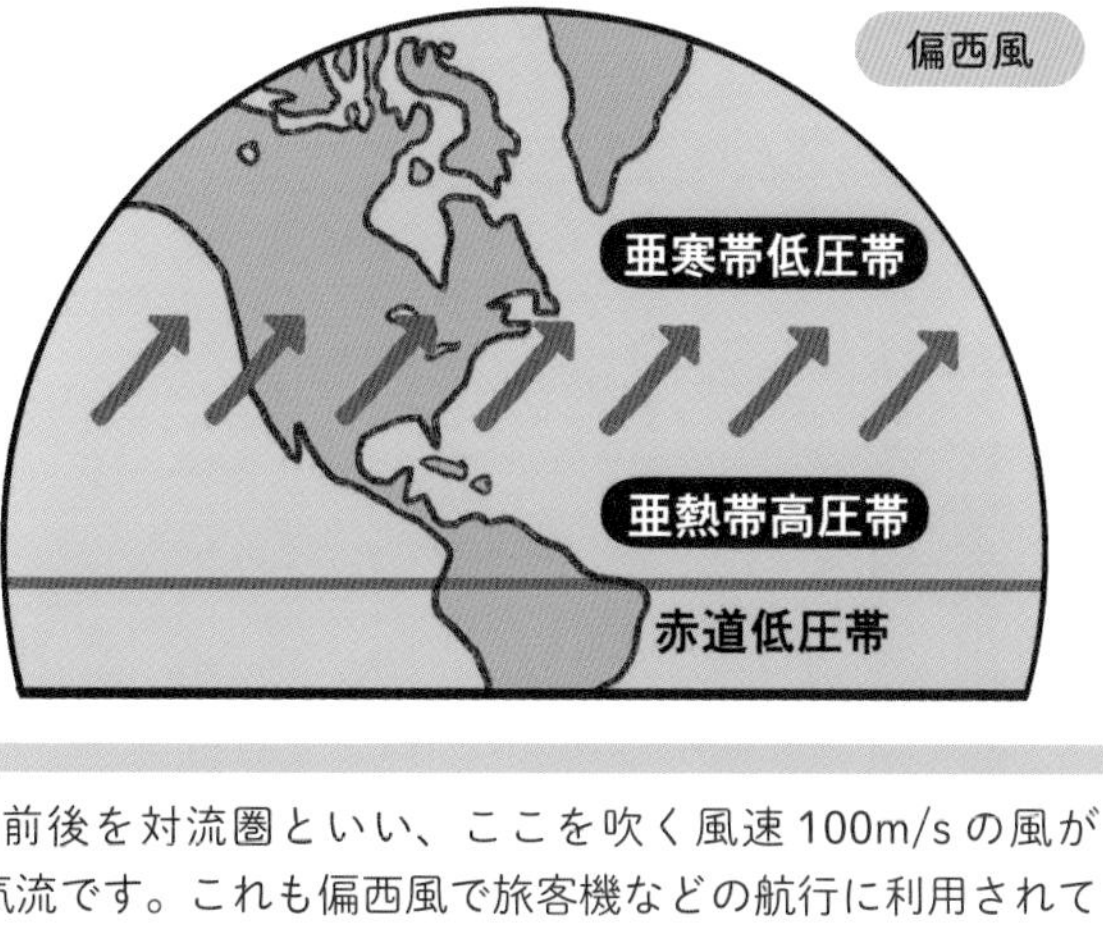
偏西風
亜寒帯低圧帯
亜熱帯高圧帯
赤道低圧帯

ミニ解説 上空11km前後を対流圏といい、ここを吹く風速100m/sの風がジェット気流です。これも偏西風で旅客機などの航行に利用されています。

36

なぜ日本では季節によって風向きが変わるのか？

季節風

日本には春夏秋冬の季節がめぐる四季があります。そんな日本の気候の特徴に「季節風」があります。季節風とは、夏は太平洋側から吹き、冬は日本海側から吹く風のことです。なぜ季節ごとに風向きが変わるのでしょうか？

実は気圧配置に原因があります。風は高気圧から低気圧に向かって吹きます。夏になると、日本の西側に位置するユーラシア大陸では気温が高くなります。すると空気は上へ上へ上っていきます。そのため空気の圧力が弱くなるので低気圧になるのです。それに対し、海では陸ほど気温が上がらないので気圧は高くならず、相対的に高気圧となります。結果として、日本海側に低気圧、太平洋側に高気圧が位置するので、太平洋側から日本海側に向けて風が吹くのです（左図参照）。

では冬はどうなるのでしょうか？　大陸の冬はとても寒く、空気は下へ下へ降りていきます。そのため空気の圧力が高くなり、高気圧になります。それに対し、海側は暖かいので相対的に低気圧となります。今度は日本海側に高気圧、太平洋側に低気圧という、夏とは逆の気圧配置になるため風向きも逆になるのです。

季節風の風向

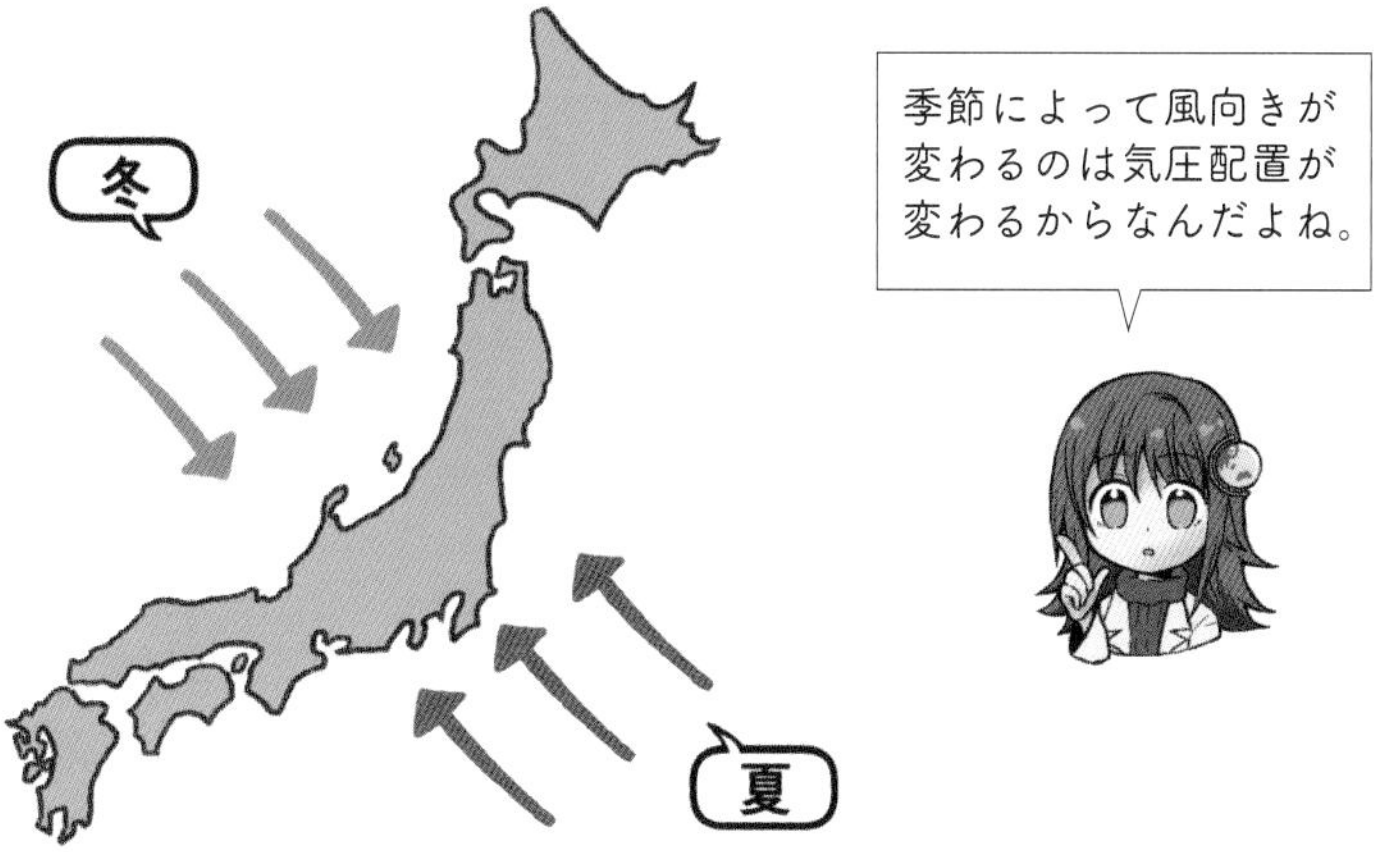

夏と冬の気圧配置

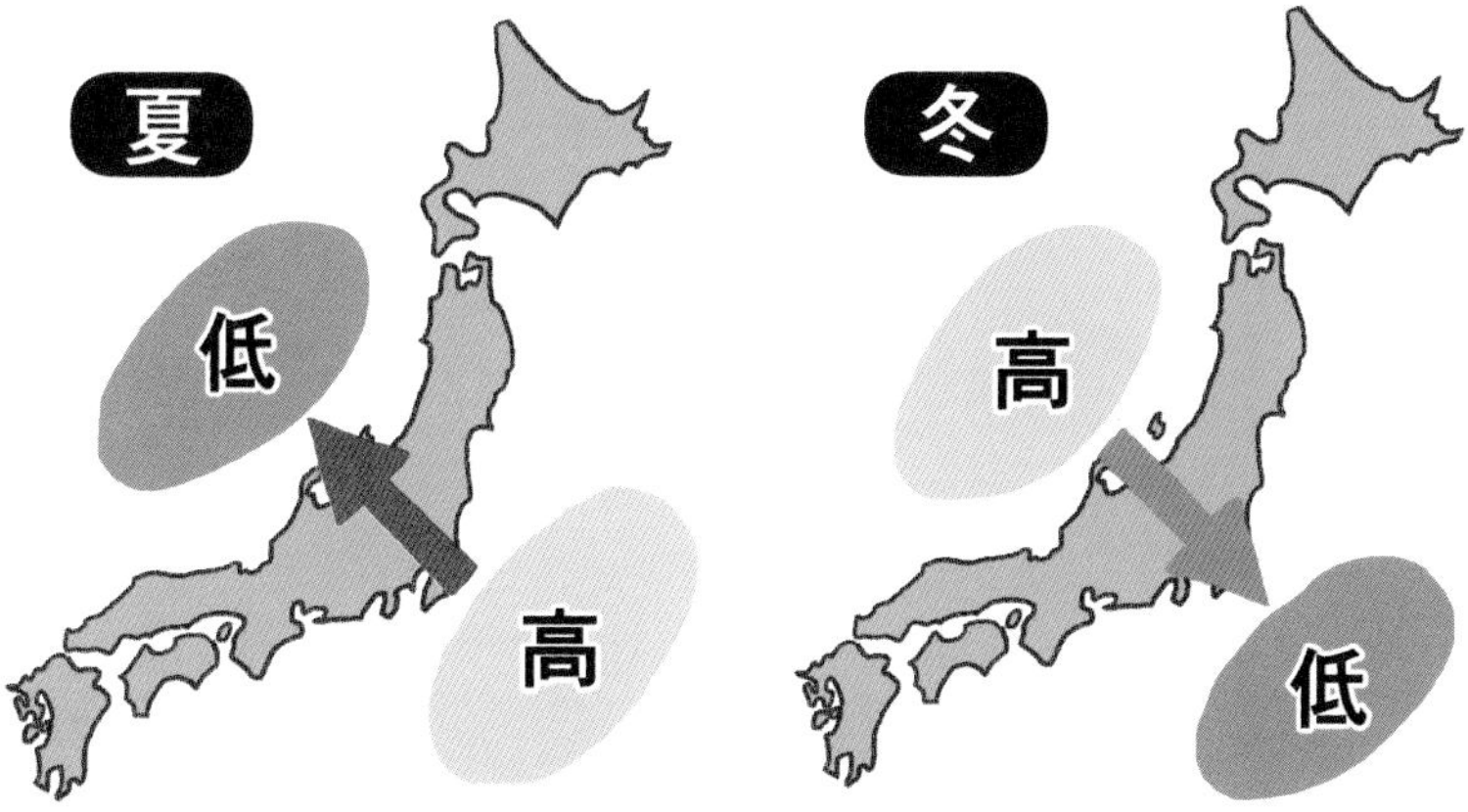

ミニ解説　季節風をモンスーンといいますが、これはアラビア語で季節を意味するマウシムが語源です。

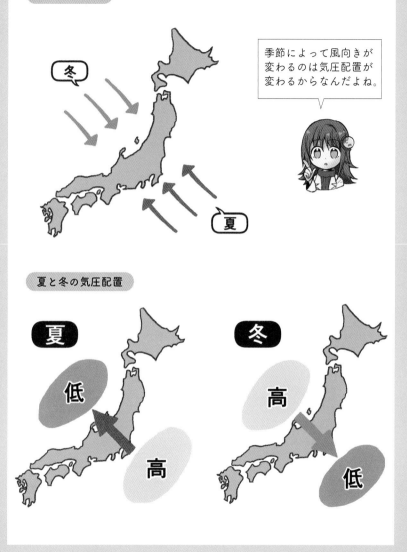

37

台風が来ると猛暑もやってくる

フェーン現象

日本では夏から秋にかけて毎年のように台風がやってきますよね。家屋の倒壊や洪水など多くの被害をもたらす一方で、新潟や北陸地方が猛暑になるって知っていましたか？　これには**フェーン現象**が関係しているんです。

フェーン現象とは、山から高温で乾燥した風が吹き、周辺地域の気温を上昇させる現象のことです。**空気は１００ｍ上昇するごとに温度が０・５～０・７℃下がります。**これを**気温の逓減率《ていげんりつ》**といい、山登りなどをすると、標高が上がるにつれて気温が下がるのはこのためです。例えば標高２０００ｍの山の場合、麓《ふもと》は30℃でも、頂上付近は20℃以下になるのです。

それとは逆に、空気が山を下るとどうなるのでしょうか？　下ると気温は上がっていきます。**１００ｍ下るたびに１℃上がっていきます。**そのため山を下る風はどんどん温度が上がり、乾燥した風が吹くのです。

台風が来ると強烈な南風が吹くので、北陸地域では山を越えた風が吹き荒れ、フェーン現象が発生して猛暑となるのです。気温の面でも台風には注意しなければいけませんね。

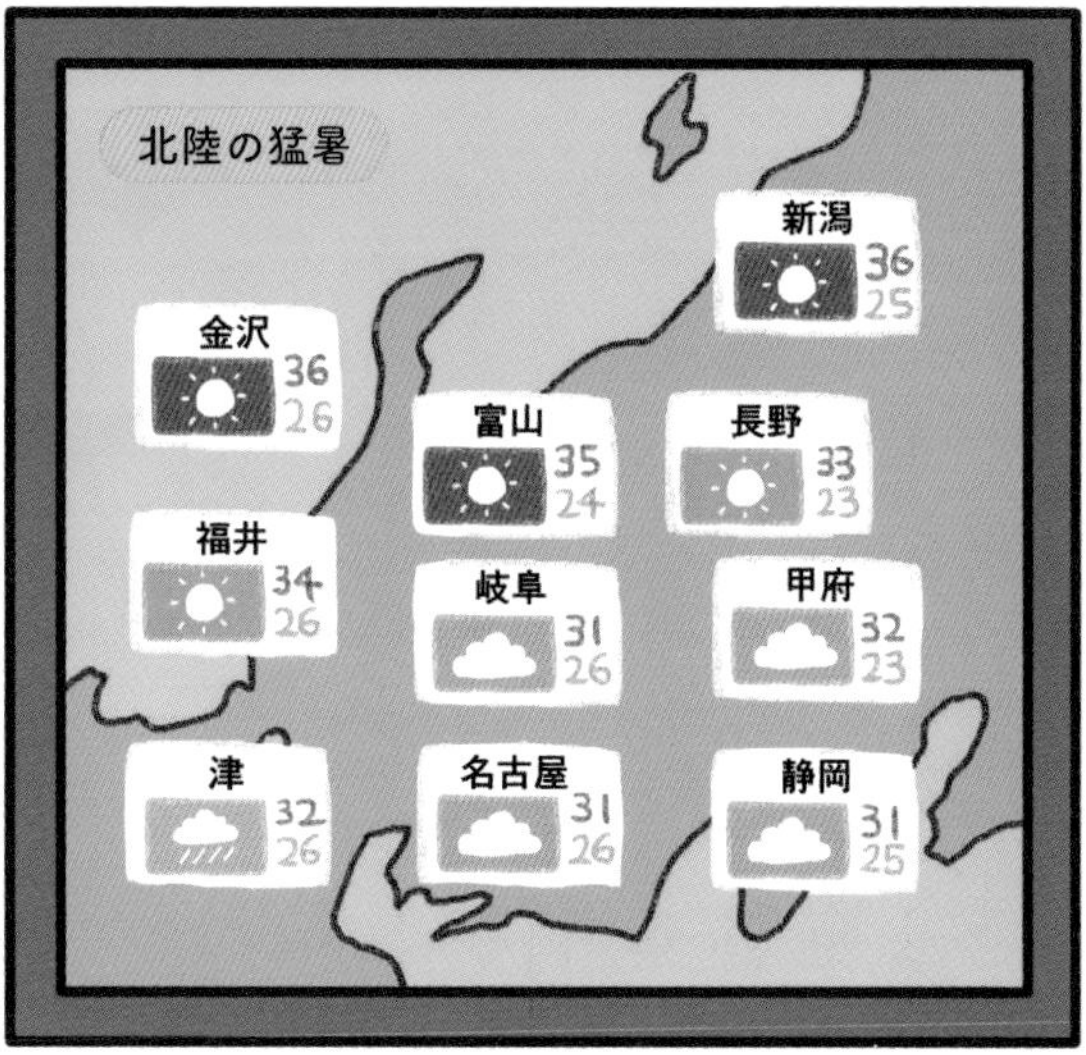
北陸の猛暑
新潟 36 25
金沢 36 26
富山 35 24
長野 33 23
福井 34 26
岐阜 31 26
甲府 32 23
津 32 26
名古屋 31 26
静岡 31 25

台風の被害を受ける一方で
猛暑になるなんて……
他の地域のことだからといって
無関心ではダメだな。
フェーン現象
標高が高くなると気温は
下がっていく
逆に標高が低くなれば
気温は上がっていくのよね。

ミニ解説　フェーンとは、アルプス山脈北麓に吹き下ろす風のことです。高温乾燥の風のためアルプスに雪解けをもたらす風といわれています。

38

やませの正体とは?

やませ

「東北地方の太平洋側は**やませ**が吹くと、冷害が発生する」と習った人もいると思います。やませとはいったい何なのでしょうか?

　やませとは、**6~8月に北海道や東北の太平洋側に吹く冷涼な風**のことです。この時期になると、冷たい空気をもたらすオホーツク海気団(高気圧)が日本の北東部で形成されます。そしてこの気団から吹き出す風が付近を流れる寒流(千島海流)上の冷たい空気も運んできた時、東北地域の太平洋側は気温が一気に下がっていくのです。さらに冷たい空気が吹き込んだ後に、午後になって気温が上がると霧も発生し、濃霧による交通事故なども起きてしまいます。6~8月はこの地域では稲作の真っ最中です。そんな時に**冷たい空気が入ると、気温の低下と日照不足によって、作物が生育不良となる冷害が発生します。**

　様々な被害をもたらすやませに対応して、**ほうれん草栽培**など、冷涼な気候を生かした農業も行われるようになりました。自然環境を生かすことで新しく農作物も作られるわけですね。その他にも農業ができないので製塩業が発達するなど、他の産業にも影響を与えています。

やませ

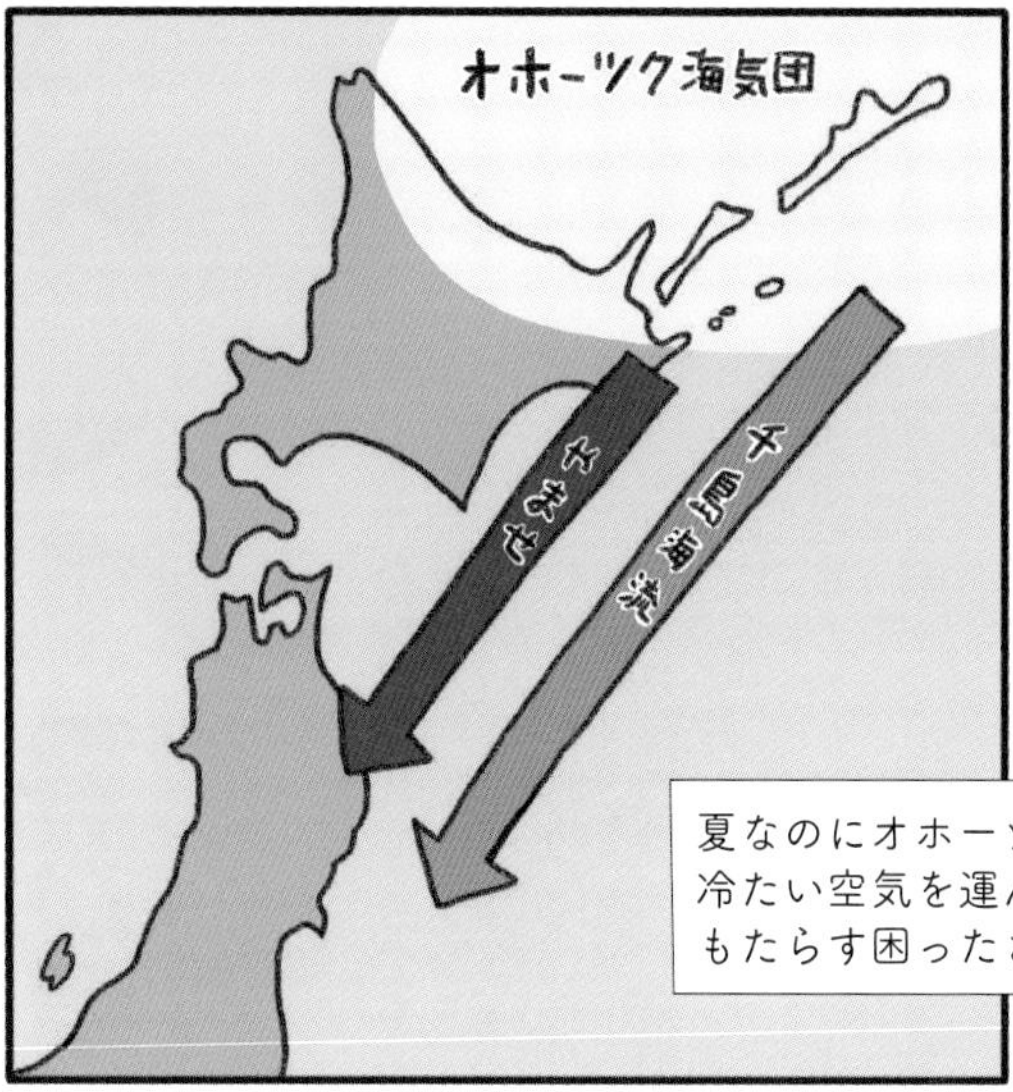
オホーツク海気団
やませ
千島海流

夏なのにオホーツク海気団の冷たい空気を運んできて冷害をもたらす困ったさんなのよね。

やませ（冷涼な風）が吹くと稲に甚大な被害!!
でもほうれん草栽培には適しているんだよ

やませの語源は山を背にして吹く風「山背」ともいわれているな。

ミニ解説　宮沢賢治の有名な詩「雨ニモマケズ」の中で出てくる「寒さの夏」とは、やませのことではないかともいわれています（諸説あり）。

39

日本は世界で一番雪が積もる国

積雪

雪が積もると雪かきなど大変なこともありますが、雪ダルマや雪合戦など楽しいこともあります。いっぱい雪が積もったら楽しいのに、と思う人もいるでしょう。実は、**日本は世界で一番積雪が多い国**なんです。

左の表を見てもらうとわかりますが、**上位3ヵ所は日本**なんです。日本よりも寒そうな国は他にもあるはずなのに、なぜこのような結果になったのでしょうか？ これには日本の位置が関係しています。その前に雪について考えてみましょう。

雪はどんな場所に降りやすいのでしょうか？ 当然、寒い場所ですが、**水分が供給されやすいことも重要**となります。例えば、ロシアのイルクーツク州は、1月の平均気温がマイナス7℃ですが、内陸に位置するため、積雪は38㎜と非常に少ないのです。

それに対して青森や札幌には、冬季になると**シベリア気団**からの冷たい空気が、日本海上空を通過して、多くの水分を含んだままやってきます。そのため多くの雪を降らせるのです。日本列島は雪という側面から見ると、本当に絶妙な位置にありますよね。

年間降雪量

順位	国名	順位	年間降雪量（cm）
1位	日本	青森市	792
2位	日本	札幌市	485
3位	日本	富山市	363
4位	カナダ	セントジョンズ	333
5位	カナダ	ケベックシティ	315
5位	アメリカ	シラキュース	315
7位	カナダ	サグネー	312
8位	日本	秋田市	272
9位	アメリカ	ロチェスター	251
10位	アメリカ	バッファロー	241

※ AccuWeather（2016）参考

日本の1位は4位のカナダの倍以上降っているんだよね。雪が積もりすぎて道が消えてるよ。

東北の雪

ミニ解説

最も雪が積もったのは1927年2月14日の滋賀県の伊吹山で、1182cmです（現在のような積雪観測を実施していない時期のデータなので信憑性にやや欠けますが）。

40

黄砂はどこからやってくる？

黄砂

春先になると黄砂《こうさ》がやってきます。黄砂とは、中国内陸部の砂漠の砂が風に運ばれて日本まで飛んでくる現象です。洗濯物や窓ガラスが汚れるので困りますよね。日本ではそれぐらいの影響ですが、発生元のある中国ではもっとすごい状況が見られます。

黄砂という現象は、中国内陸部に位置するゴビ砂漠やタクラマカン砂漠といった砂漠の砂が、数千m上空までまき上がることで発生します。そのため中国東部には砂の壁が押し寄せるようにやってきます。黄砂がやってくると、ものの数分で街中がセピア色に変わるほどの砂に覆われます。視界不良になるだけでなく、交通機関の麻痺や農作物への被害などをもたらします。これは台風や竜巻などの自然現象と同じようなものと考えられてきました。

しかし最近では、過放牧や農地の転用による土壌劣化などにより、宙に舞う砂の量が増えたことも影響していることがわかってきました。そして増えた砂は日本にも届きます。中国で起きている環境問題は中国国内にとどまらず、周囲の国々にも影響を及ぼしています。

黄砂（2001 年 3 月・衛星画像）

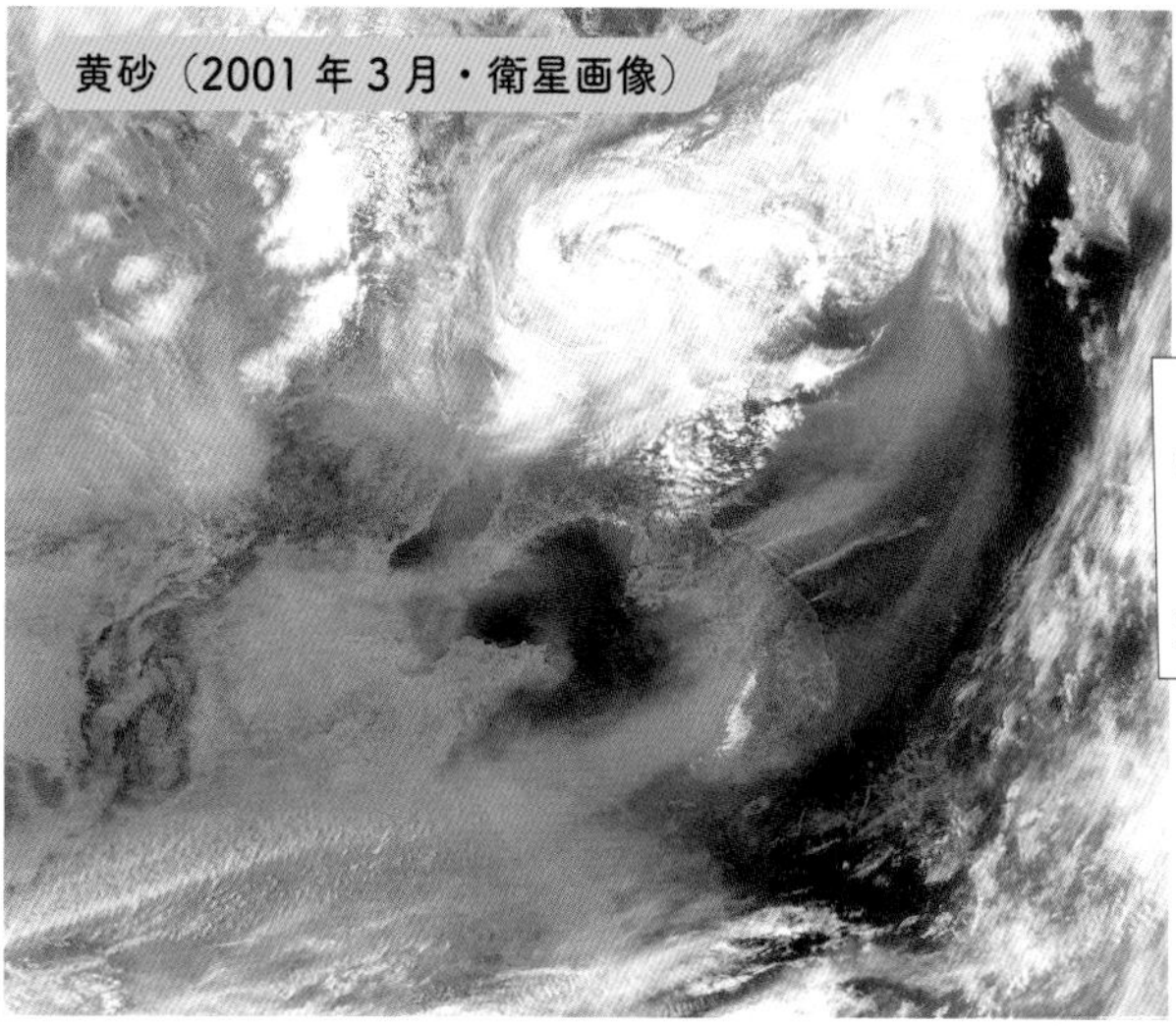

©NASA

この黄色い部分は全部砂なのか……。とてつもない量だな……。

無理な開発によって黄砂の量は増加傾向にあるんだよね。

黄砂に覆われた都市

ミニ解説　黄砂によって運ばれる砂の粒子は、北米やグリーンランドでも発見されています。

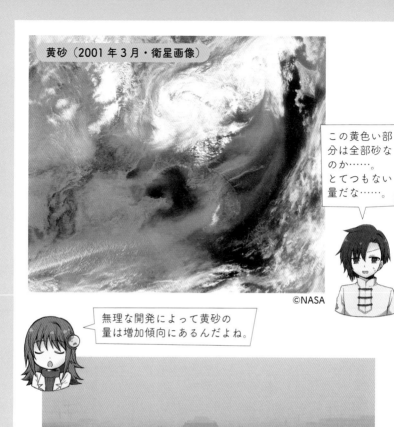

41

日の沈まない白夜と日の昇らない極夜

白夜・極夜

夜眠れなくて、ずっと夜が続くような気分になったことはありませんか？　緊張や不安から、そんな夜を過ごしたことも一度ぐらいあるかもしれません。

実はそのような夜が現実世界にもあるのです。それが**太陽が沈んだままの**「極夜《きょくや》」と呼ばれる現象です。**反対に太陽が沈まない現象を**「白夜《びゃくや》」といいます。なぜこのような現象が起こるのでしょうか？

これには地球の自転が関係しています。地球の地軸は公転面に対して約23度26分傾いています。そのため北緯66度34分以北の北極圏では、左図のように**太陽光が当たらない時期が冬至《とうじ》の頃に訪れます**。これが極夜の原因なんです。この状態で自転しても太陽光が当たることはありません。ちなみにその時、地軸の反対側では、太陽光が当たり続けているので白夜となります。季節も反対の**夏《げ》至《し》**の頃になります。

冬に北欧地域を旅行すると、夜の時間が長く、室内で過ごす時間も増えます。北欧の国々が家族に優しく、福祉が充実している理由の一つかもしれませんね。

深夜のヘルシンキ（8月ごろ）

これが深夜なの!?
まるで朝焼けの光景ね。

地軸が傾いているから場所によってはずっと日が当たる時期と当たらない時期ができるんだよ。

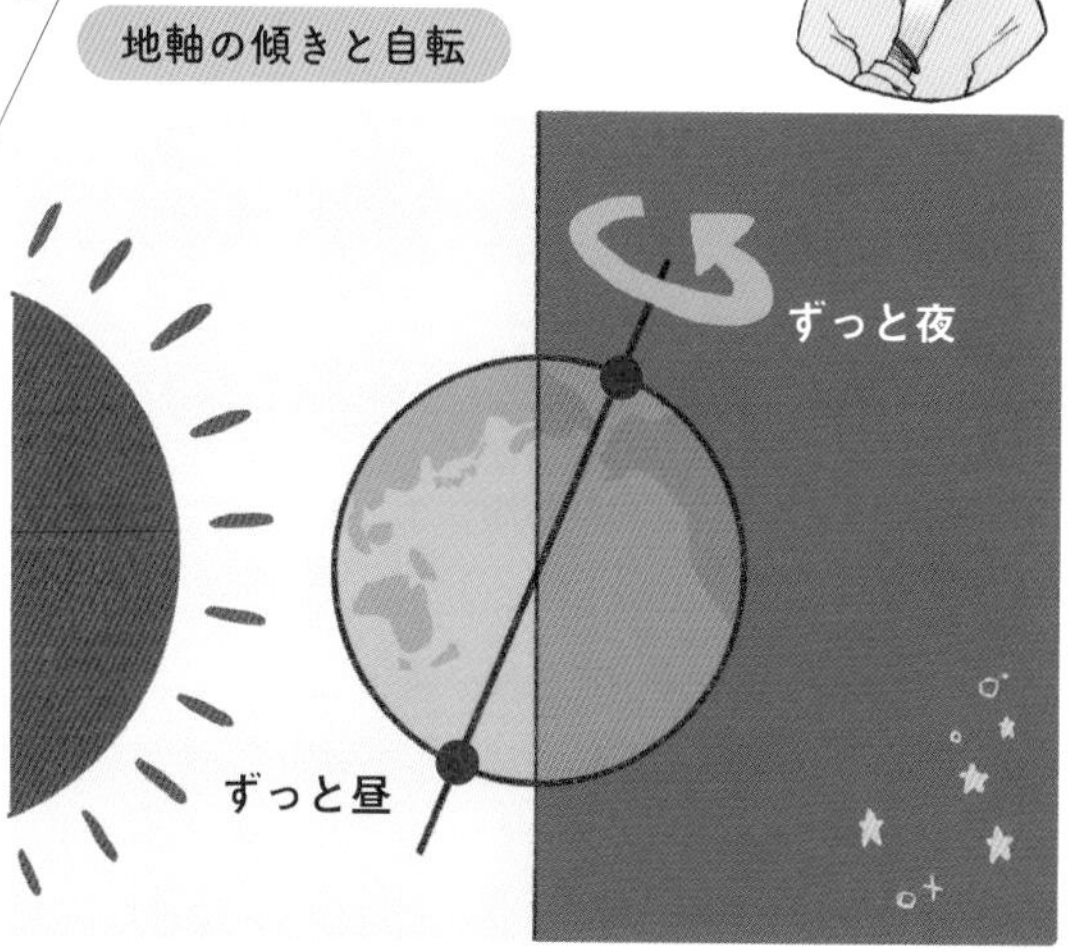
地軸の傾きと自転
ずっと夜
ずっと昼

ミニ解説　南極の昭和基地では、白夜と極夜が 45 日間ずつ続きます。南極点では半年続くようです。

42

海のそばなのに砂漠がある理由

海岸砂漠

砂漠は雨が降らない地域にあるので、海や川の近くには形成されにくい、そんなイメージがありませんか？　確かにそうなのですが、海の近くにも砂漠が形成される場合があるんです。

海岸は海の水分が蒸発して雲が形成されやすくなり雨が降りそうですが、近くに**寒流が流れている場合は、話が変わってきます**。アフリカ大陸の南西部にナミブ砂漠という海岸砂漠があり、付近にはベンゲラ海流と呼ばれる寒流が流れています。寒流が流れている付近では、空気は冷やされるため重くなります。一方、内陸の空気は暖かいため、海からやってきた空気よりも上になります。つまり、冷たい空気が地表付近を流れ、暖かい空**気が蓋をするような構造になり、上昇気流が発生しにくくなるのです**。上昇気流が発生しないので雲は形成されず、霧などが辺りを覆うため降水量が極端に少なくなるのです。

同じような地形は南アメリカ大陸のアタカマ砂漠でも見られます。ここも付近をペルー海流と呼ばれる寒流が流れているため、海岸砂漠となっているのです。このように地球上では国は違っても類似性を持った地形があるのです。

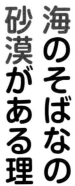

海のそばで砂漠ができるメカニズム

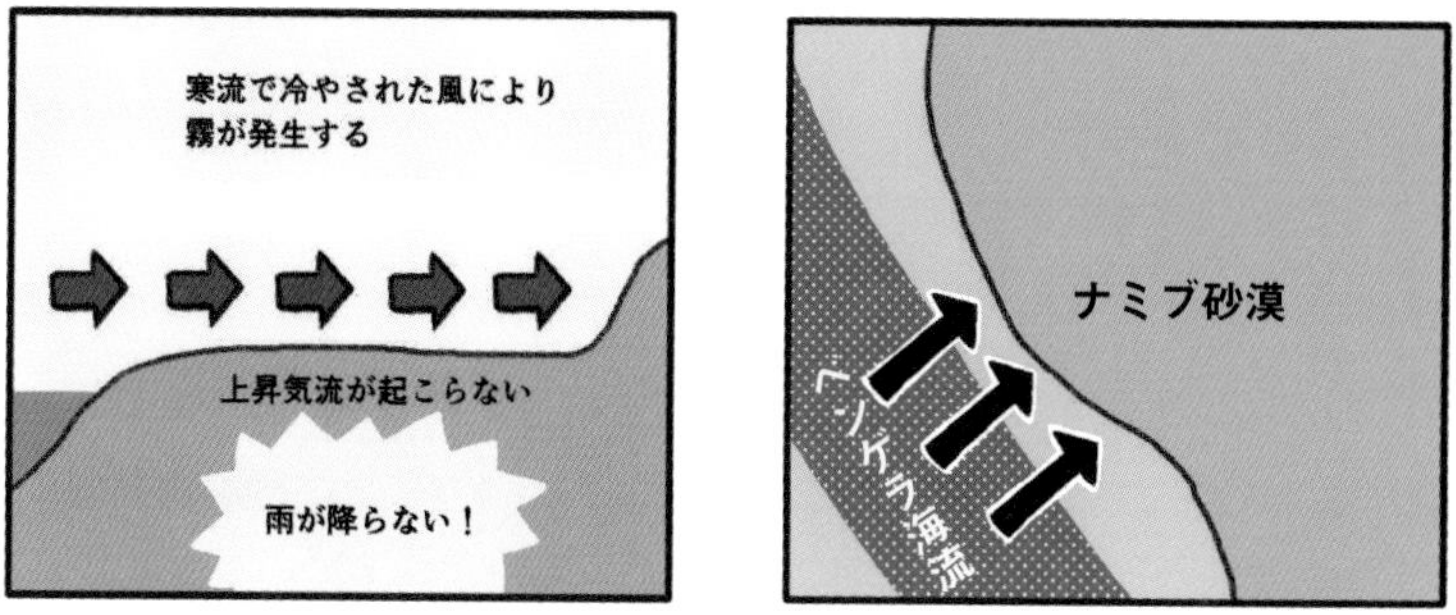
寒流で冷やされた風により
霧が発生する
上昇気流が起こらない
雨が降らない！
ナミブ砂漠
ベンゲラ海流

ベンゲラ海流（寒流）によって冷やされた空気は下に行き、内陸の暖かい空気は上に行くから、上昇気流が発生しにくくなるんだよな。
上昇気流が発生しないから雲も形成されにくく雨も降りにくくなるんだ。

ナミブ砂漠のこの光景を「デッドフレイの朝日」っていうらしいわ。

ナミブ砂漠（写真）

ミニ解説　なかなか雨の降らないアタカマ砂漠ですが、ひとたび降ると辺り一面に花が咲く光景が見られます。

43

沿岸部と内陸部の気温はフライパンと同じしくみ

大陸性気候・海岸性気候

日本の大阪と同じくらいの緯度の都市に、アメリカのロサンゼルスとオクラホマがあります。同緯度なので同じ気候区かと思いきや、雨温図を見てみると全然違います。同緯度なのに気温や雨量の傾向が異なるのはなぜでしょうか？　この理由には「**比熱**」が関わってきます。

比熱とは、1gの物質の温度を1℃上げるのに必要な熱量のことです。わかりやすく例えると「**水を張ったフライパン**」と「**水を張っていないフライパン**」で説明できます。空のフライパンを熱すると急に熱くなりますが、火を止めると急激に冷めますよね。

それに対し水を張った方は熱してもなかなか温まりませんが、火を止めても急には冷めません。それと同じようなことが沿岸部でも発生しています。沿岸部では比熱が大きいため空気は暖まりにくく、冷めにくくなります。そのため気温が安定し、日較差、年較差ともに小さくなります。それに対し内陸部は比熱が小さいため、暖まりやすく、冷めやすくなるので気温の日較差、年較差とも大きくなるのです。同じ国、緯度帯でも比熱によって気温は異なるのです。

ロサンゼルスとオクラホマの雨温図を比べてみると大きく異なるな
ロサンゼルス
オクラホマ
これには比熱が大きく関わっているんだよ
比熱とは1gの物質の温度を1℃上げるのに必要な熱量のことなんだ
水
4.1
鉄
0.4
比熱の数値が小さいと温まりやすく冷めやすいの
フライパンに水を入れて考えてみるよ
水を張っていると空のときより温まりにくく冷めにくいな
大陸沿岸部は比熱が高いから気温が安定しているよ
オクラホマ
年較差が大きい
ロサンゼルス
年較差が低い
内陸部は比熱が小さいから暖まりやすく冷めやすいわけね

ミニ解説 内陸の年較差の大きな気候を大陸性気候といいます。対して沿岸部の年較差の小さな気候を海洋性気候といいます。

44

土にもいろいろな色がある

成帯土壌

「土の色」って何色だと思いますか？　黒や茶色だと答える人が多いと思いますが、実は「赤色」や「白色」の土もあるんです。そもそも土は、どのようにしてその色になるのでしょうか？

土の色は「土壌の成分」と「水分」に左右されます。例えば、日本のように比較的暖かく湿度の高い地域では、落ち葉などが腐植しやすく、腐植層を作ります。この腐植層が黒味を増す原因になっているので、**チェルノーゼムと呼ばれる黒い土は栄養価が高い傾向にあります。**それに対し、白色の**ポドゾル**と呼ばれる土は寒冷地域に分布しています。寒冷地域では腐植が進まず落ち葉などは泥炭《でいたん》化します。**泥炭化した層から染み出した有機酸などが、地中の鉄分を溶脱するため白色になるんです。**

気温の高い赤道付近では、雨季に有機物が溶脱され、乾季に水分の蒸発とともに鉄分が地表に集まります。**そのため鉄分やアルミニウムを多く含んだ土は酸化し、赤色のラトソルと呼ばれる土になります。**その他にも温帯地域では褐色森林土、乾燥帯では砂漠土や栗色土など、様々な色の土が見られます。

黒土は植物が枯れて腐植することで形成されるんだ。
豊かな土壌になるためには乾燥も重要なんだよな。

寒冷地では寒すぎて腐植が進みにくいんだ。
そのため泥炭化して有機酸が出てくる。
その有機酸が地中の鉄分を溶かして溜まったものが灰白色の層を作るんだ。
これがポドゾルだ。白い土だなんて不思議だよね。

ミニ解説　気候や植生の影響を強く受けて生成された土壌のことを成帯土壌といいます。

45

土と岩の関係とは？

間帯土壌

土はどうやってできるのかご存じですか？　地球ができた当初、地上は辺り一面岩ばかりでした。岩が風化し、石、礫、砂へと変化していき、そこへ生物の死骸（植物なども含む）が混ざり合い、土へと変化しました。つまり土と岩は密接な関係にあります。

そのような、**岩石の成分が強く出ている土を「間帯土壌」**といいます。例えばインドに広がる**レグール**と呼ばれる土は、玄武岩の影響を強く受けています。玄武岩はカルシウムやマグネシウムなど、植物にとって必要な栄養を多く含んでいるため、農業に適した土壌となります。レグールの見られるデカン高原では綿花栽培が盛んで、インドの経済を支えています。南米にも玄武岩を成因とする**テラローシャ**と呼ばれる土壌が広がっており、水はけが良くコーヒー栽培に適しています。

地中海沿岸では**テラロッサ**と呼ばれる土が見られます。イタリア語で「赤い土」と呼ばれるこの土は、石灰岩の影響を受けています。石灰によって溶け出した炭酸カルシウムが土壌を酸化させ、土の色を赤くさせるのです。肥沃ではありませんが、水はけが良いので果樹栽培に適しています。

テラローシャ

南米にはテラローシャと呼ばれる赤紫の土があるわ。これは玄武岩の影響が強いのよね。

テラロッサ

こっちはテラロッサ。
同じ赤色でも、こっちは
石灰岩が影響しているんだ。
同じ色をしていても性質が
違うから、育てる作物も
違って文化も異なるんだよね。
土は万物の基礎だね。

ミニ解説　間帯土壌は気候には依存しないので、泥炭土や沖積土なども含まれます。

46

ウクライナでヒマワリが育つ理由

チェルノーゼム

ウクライナの国旗を知っていますか？　**青と黄色のコントラストが美しい国旗**なんです。青は空、黄色は小麦を示しているようです。

しかしウクライナの首都キーウの位置を見てみると、北緯50度なので、高緯度地域であることがわかります。日本の最北端の択捉島が北緯46度なので、かなり北にあることがわかりますね。こんなにも高緯度だと寒くて農業に適さないのではと思えますが、この国では日本の**夏の季語でもあるヒマワリが見られる**のです。これには土壌が関係しているんです。

ウクライナは降水量の少ない乾燥地域に分類されます。乾燥しているとますます農業に適さないのでは？　と考える人も多いと思いますが、**この乾燥が重要**なのです。乾燥地域でも雨季はあります。この雨季に育った植物が乾季になると枯れます。この**枯れた植物が腐植層を作り、豊かな土壌（チェルノーゼム）を作り出す**のです。

ヒマワリの種は、油脂を多く含むため食用に利用されるだけでなく、茎や葉は肥料としても使用されるかけがえのないものなんです。

ウクライナの小麦畑

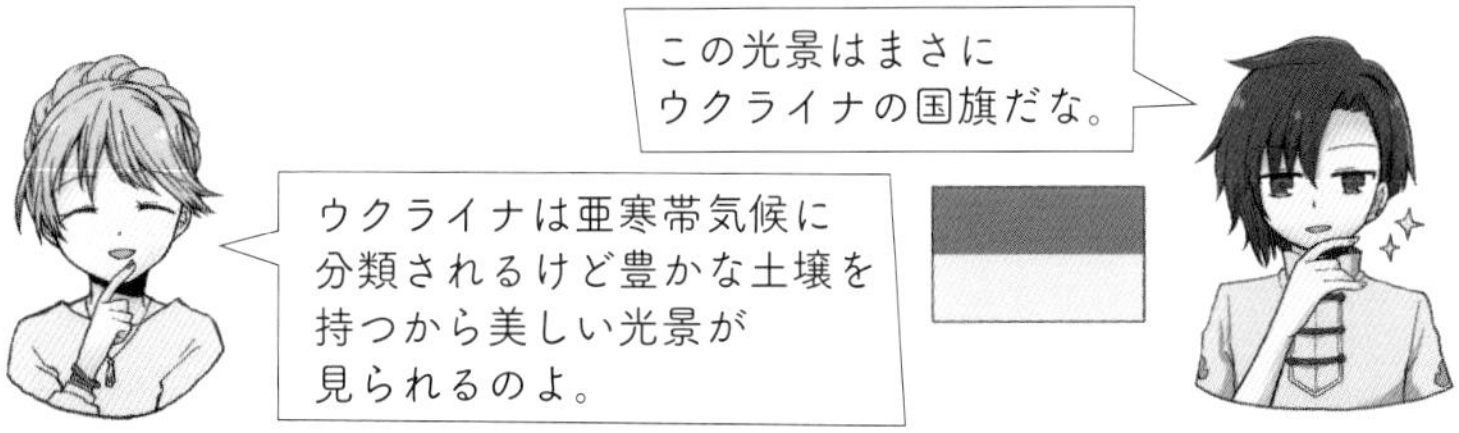
この光景はまさに
ウクライナの国旗だな。
ウクライナは亜寒帯気候に
分類されるけど豊かな土壌を
持つから美しい光景が
見られるのよ。

ウクライナのヒマワリ畑

ミニ解説　ウクライナの小麦生産量は、世界８位と上位にランクインしています（2020 年）。

47

気候の見分け方は気温・降水そして植物

ケッペン気候区分

世界には暑い・寒い、雨が降る・降らないなど様々な気候の特徴があります。これらの特徴に応じて分類したものを気候区分といいます。

気候区分には様々な種類がありますが、**高校地理の現場ではケッペン気候区分が主に採用されています**。その理由は**気候区分の判別に植物を採用しているから**です。

ドイツの気候学者ウラジミール・ケッペンは、大学時代を過ごしたサンクトペテルブルクと、家族の住むクリミア半島を行き来する際に、植生景観が変わることに気がつきました。そこから気候と植生の関係を研究し、現在使われている気候区分を作ったそうです。

A気候（熱帯）ではヤシが生え、B気候（乾燥帯）やE気候（寒帯）では植物が生えにくく、C気候（温帯）では広葉樹林、D気候（冷帯）では針葉樹林、などのように、目に見えない気候を植生景観で分類しました。

こうすることで視覚的に**気候をイメージしやすくなったので**、**学校現場でも広く教えられるようになった**のです。植物によって気候を判断するなんて、偉大な発想ですね。

サンクトペテルブルク

サンクトペテルブルク（亜寒帯気候）では針葉樹などが目立つ。

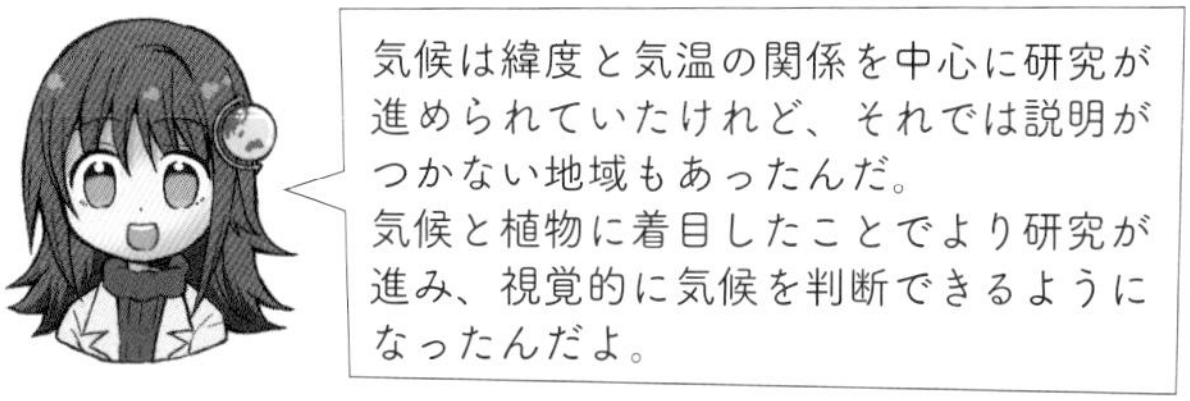
気候は緯度と気温の関係を中心に研究が進められていたけれど、それでは説明がつかない地域もあったんだ。
気候と植物に着目したことでより研究が進み、視覚的に気候を判断できるようになったんだよ。

クリミア

クリミア（温暖気候）では広葉樹などが見られるようになる。

ミニ解説　ケッペン気候区分以外に、気団や大気大循環に着目したアリソフの気候区分などもあります。

48 海流の方向は何が決める？

海流

波はなぜ発生するのでしょうか？　これには風が関係しています。風が吹くと海面に凸凹ができます。この**凸凹を埋めるように海水が動くため、波が発生する**のです。そのため、風の吹く方向と同じ方向に海流は流れます。

赤道付近を見てみましょう。この地域では、**貿易風という恒常風《こうじょうふう》が東から西に向かって吹いています**。そのため、この地域を流れている赤道海流も、同じように東から西へ流れています。

さらに、赤道付近を流れているということは、水温も高くなっているので暖流に分類されます。

この海流がどんどん西の方へ行くと大陸にぶつかります。ぶつかると北と南に分かれ、高緯度に差しかかると、今度は**偏西風によって西から東へ流れる**ようになります。高緯度地域の寒い地域を流れるため寒流になるのです。

つまり暖流と寒流は、どこを流れているかでも判別できるのです。**基本的に北半球では時計回り、南半球では反時計回りに海流は流れます**。これは風の流れと同じです。関連性がわかるとおもしろいですね。

風向

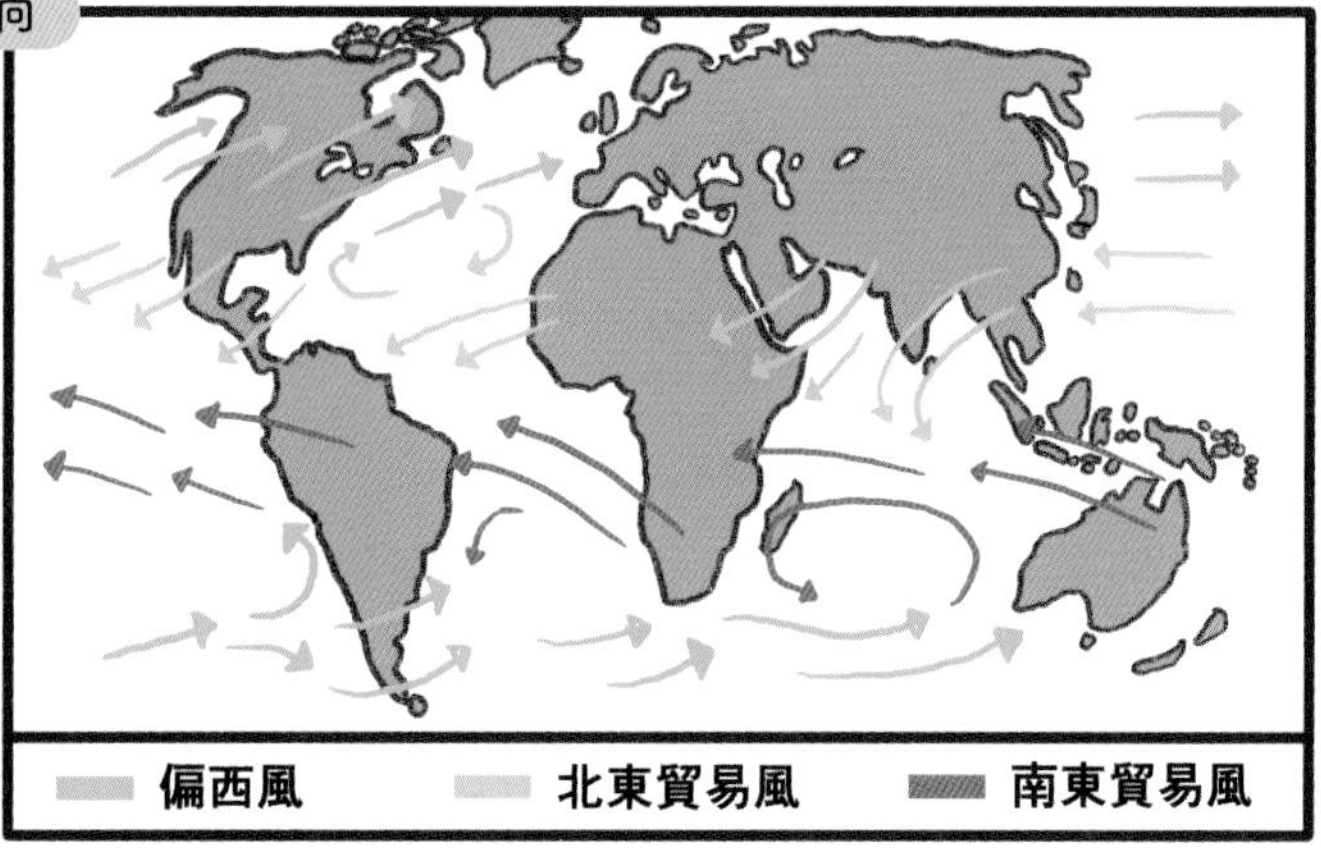
偏西風
北東貿易風
南東貿易風

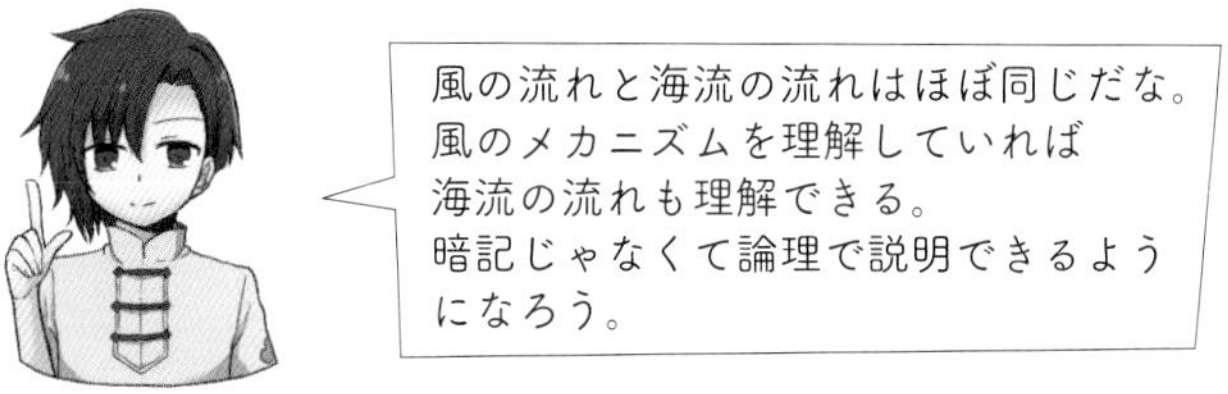
風の流れと海流の流れはほぼ同じだな。
風のメカニズムを理解していれば
海流の流れも理解できる。
暗記じゃなくて論理で説明できるようになろう。

海流

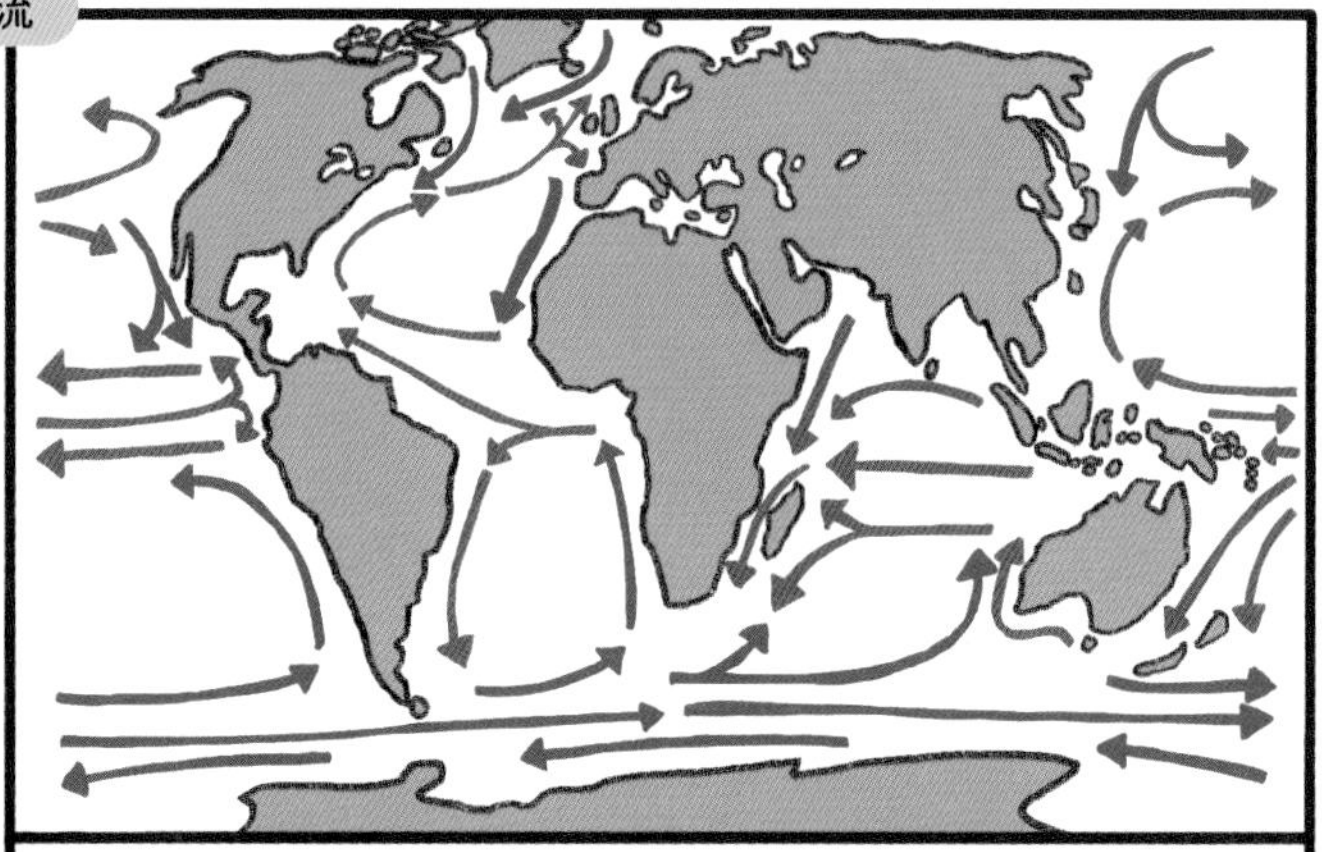
暖流
寒流

ミニ解説　波が発生する要因には月の引力なども関係しています。

49

赤道の「赤」の意味とは？

赤道

緯度0度の線を**赤道**といいます。では赤道の「赤」はどんな意味だと思いますか？　赤道直下の地域は暑くて毎日が真夏日なので、暑いイメージのある「赤」を使っていると思っている人もいるかもしれませんが、それは少し違うんです。

「赤道」の由来は古代中国までさかのぼります。古代中国の天文学では、天球上で天体の通る道を色で名づけていました。**太陽が通る道を黄道、月の通る道を白道**というように色で表現していたんです。そうして、**太陽が真上を通る地球上の線を赤道と呼んだのです**（地球の自転軸に対して直角な平面と地表が交わる線）。

これは太陽を赤色で表現し、通る道を赤い線で表したことに由来しているそうです。赤道の赤は暑さではなく、太陽を意味していたのですね。

それに関連していえば、**「赤道」という意味の国家**があります。それは**エクアドル**です。エクアドルはスペイン語で赤道という意味なんです。実際に赤道直下に位置している国なのですが、全土が熱帯気候とは限りません。西部には国を縦断するアンデス山脈（平均標高4000m）があり、その山頂付近には積雪が見られます。

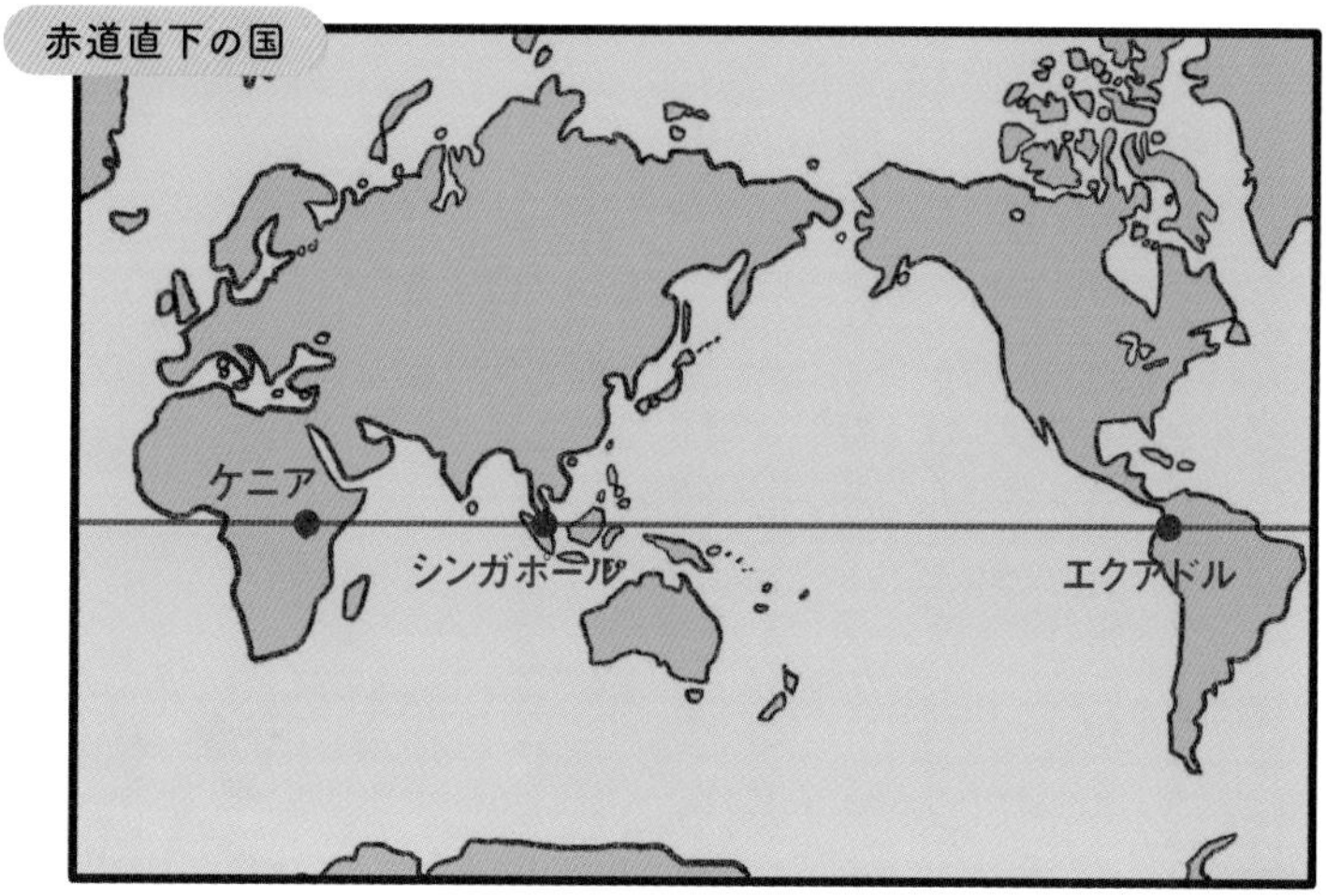
赤道直下の国
ケニア
シンガポール
エクアドル

赤道直下の主な国はココよ。
でも熱帯気候とは限らないの。

赤道は地軸に対して直角になっている
から最も太陽のエネルギーを受けやす
く、気温も高くなりやすいんだよね。

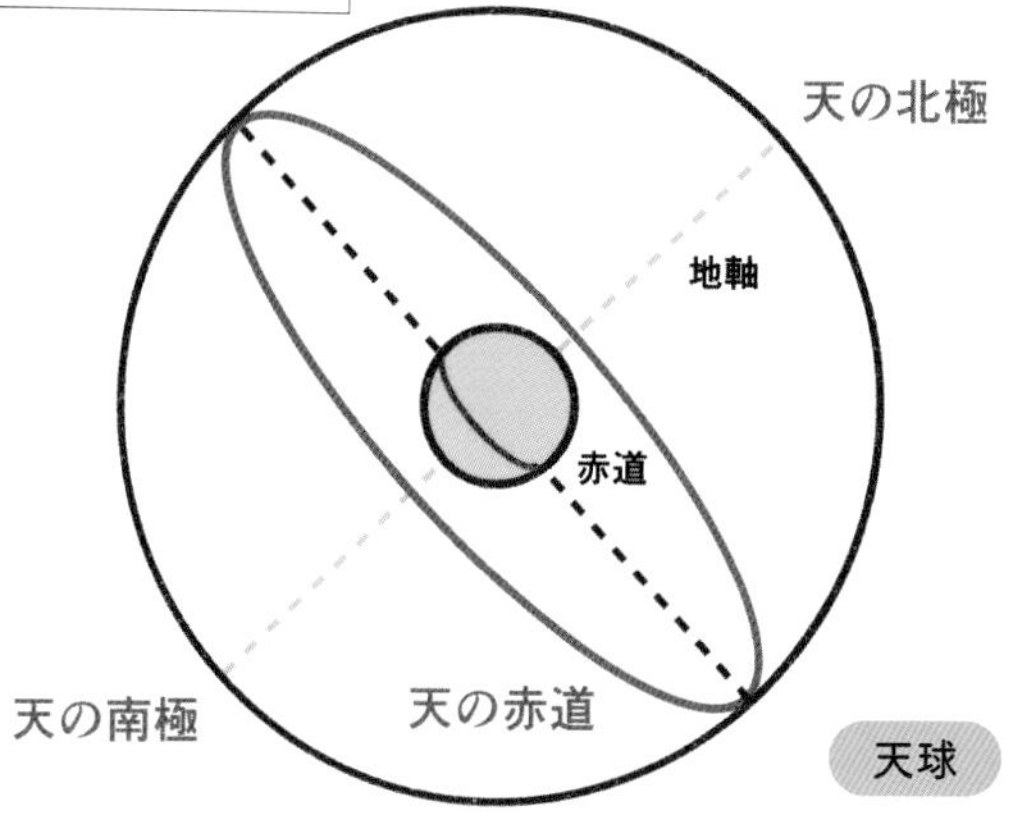
天の北極
地軸
赤道
天の南極
天の赤道
天球

ミニ解説　赤道を英語で表すと Equator（等分する）といいます。「レッドライン」ではないんです。

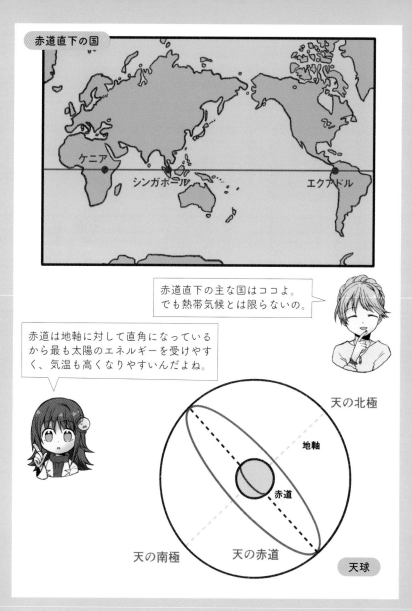

50

台風・ハリケーン・サイクロンは3兄弟

熱帯低気圧

毎年のように甚大な被害をもたらす災害の一つに「台風」があります。浸水だけでなく建物の倒壊なども引き起こし、社会インフラにも影響を与えます。日本で台風が猛威を振るっている同じ時期に、アメリカではハリケーン、インドではサイクロンが生まれています。なぜ同じような時期に発生するのでしょうか？

それはこの３つが兄弟だからなのです。実は台風、ハリケーン、サイクロンは、いずれも熱帯低気圧から変化したもので性質はほぼ一緒なんです。熱帯低気圧が勢力を増して一定の風速を超えた時、それぞれに変化します。ではなぜ名称が異なっているのでしょうか？

それは、存在する場所で名称が決まるからです。台風は東経１８０度より西の北西太平洋地域、ハリケーンはカリブ海やメキシコ湾周辺の地域、サイクロンはベンガル湾やアラビア海周辺の地域に存在しているものをいいます。

また移動して地域が変わると名称も変わります。ハリケーンが東経１８０度を越えて北西太平洋に入ると、台風と呼ばれます。３兄弟どころか三重人格みたいですね。

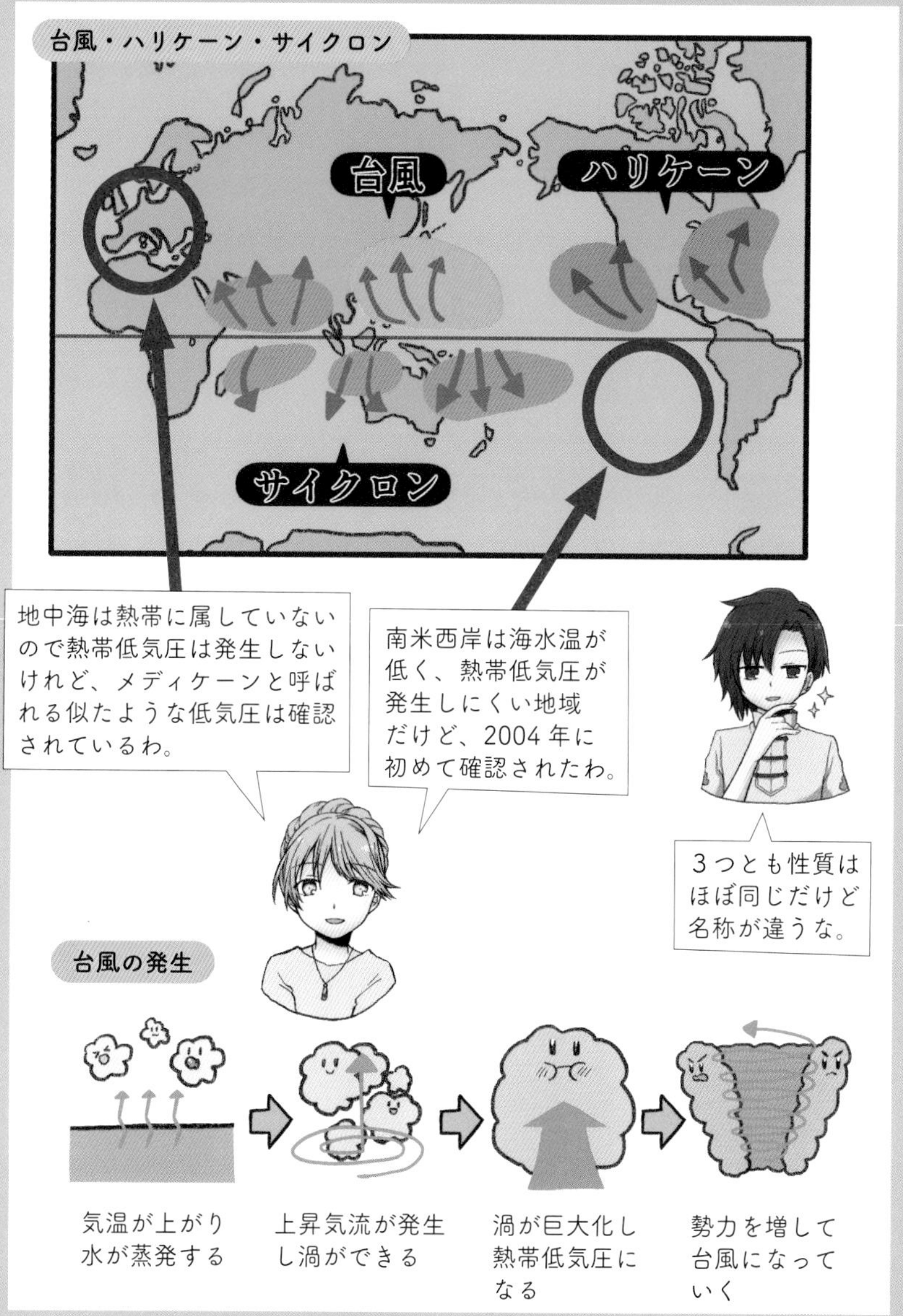
台風・ハリケーン・サイクロン
台風
ハリケーン
サイクロン
地中海は熱帯に属していないので熱帯低気圧は発生しないけれど、メディケーンと呼ばれる似たような低気圧は確認されているわ。
南米西岸は海水温が低く、熱帯低気圧が発生しにくい地域だけど、2004 年に初めて確認されたわ。
3つとも性質はほぼ同じだけど名称が違うな。
台風の発生
気温が上がり水が蒸発する
上昇気流が発生し渦ができる
渦が巨大化し熱帯低気圧になる
勢力を増して台風になっていく

ミニ解説 台風とサイクロンは風速 17m/ 秒以上のもの、ハリケーンは風速 33m/ 秒以上のものを指します。

51

焼畑農業はスーパー科学農業

焼畑

焼畑《やきはた》農業という農法があります。**森林や原野を焼き払って、できた灰を肥料としてまく伝統的農業の一つ**です。アマゾンの森林破壊の要因のように扱われてしまう農法ですが、実はかなり科学的な農業なんです。

そもそも、なぜ森林を焼かなければならないのでしょうか？　焼畑を行っている地域のほとんどは熱帯気候に属しています。この気候は高温多湿で植物にとって生育しやすい環境になっているため、農業の妨げとなる雑草の生育も早く、背の高い木々も多いため、農地の確保のためには森林を伐採しなければなりません。さらに、ラトソルと呼ばれる酸性の土壌が分布しているため、農業に適していません。

しかし森林を焼いて、**アルカリ性である灰をまくことで酸性が中和され、農作物に適した土壌へと変化する**のです。さらに部分的な森林伐採や多様な作物栽培は、熱帯地域の生態系にも合っているので自然への影響も少なく、土壌の流出を防ぐ効果もあります。**本来は環境に適した農法**なのですが、やりすぎによって環境破壊になっているところもあるようです。

焼畑

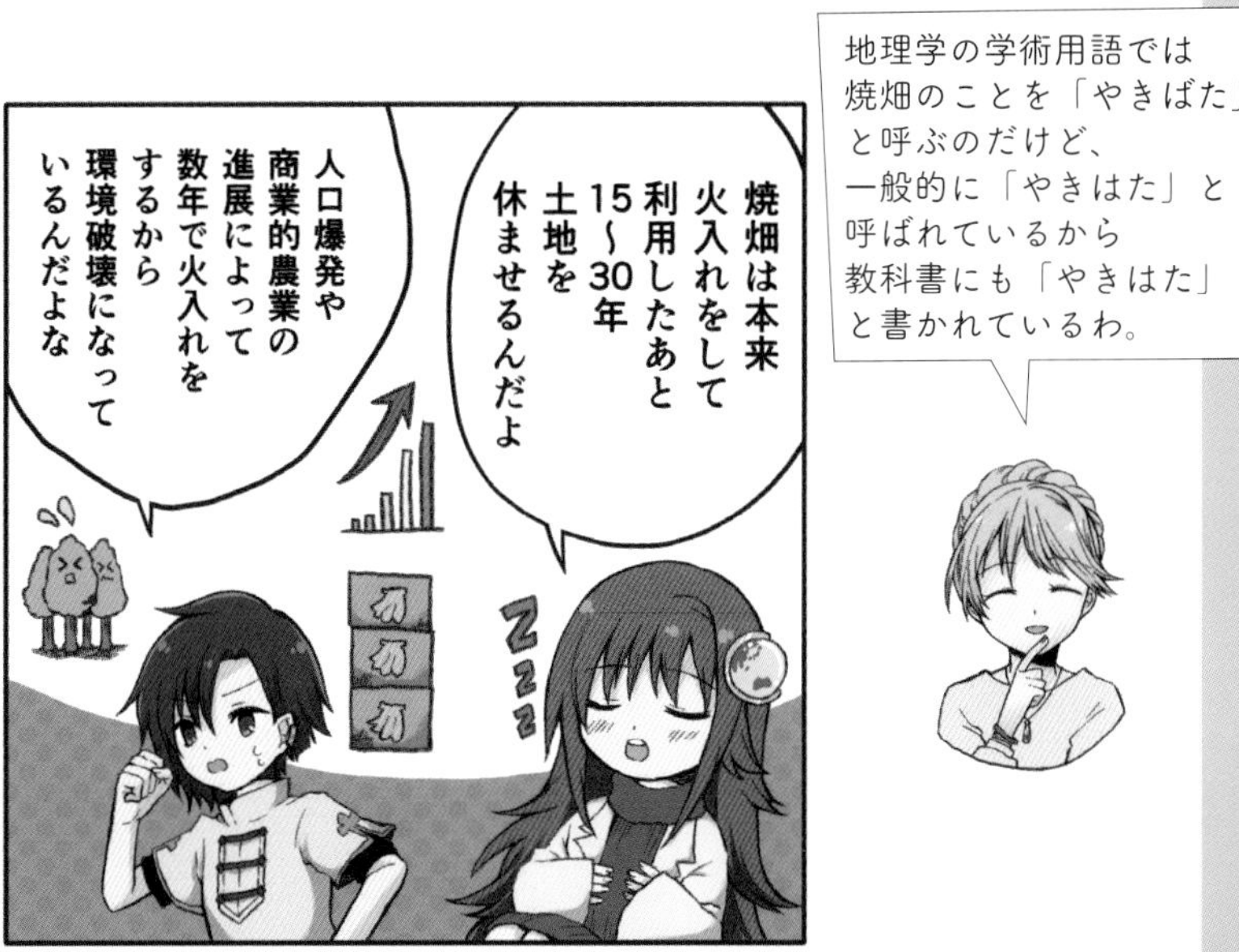
地理学の学術用語では
焼畑のことを「やきばた」
と呼ぶのだけど、
一般的に「やきはた」と
呼ばれているから
教科書にも「やきはた」
と書かれているわ。
焼畑は本来
火入れをして
利用したあと
15～30年
土地を
休ませるんだよ
人口爆発や
商業的農業の
進展によって
数年で火入れを
するから
環境破壊になって
いるんだよな

ミニ解説 焼いて利用した後、15 ～ 30 年休ませる必要があるのに、わずか数年で再び焼いたりすると環境を破壊してしまいます。

52

アマゾンにジャングルはない!?

熱帯雨林

アマゾンといったら、鬱蒼《うっそう》とした熱帯雨林が広がり、植物だけでなく多くの生物たちの住処《すみか》というイメージがありますよね。そしてそのような場所を「ジャングル」と呼んでいませんか？　実**はアマゾンにジャングルはないんです！**　その理由は、ジャングルの意味を知ると納得できます。**ジャングルとは、東南アジアやアフリカに広がる熱帯雨林のこと**なんです。つまり、南米に広がるアマゾンは、ジャングルの定義に当てはまらないのです。では、アマゾンの熱帯雨林は何というのでしょうか？　答えは**セルバ**です。両者の違いは場所だけでなく、植物の景観にもあります。**熱帯雨林の下草が生えるのがジャングル、木々の密集度が高く日射が林床まで届かないため下草が生えないのがセルバ**です。

他に、ジャングルは英語、セルバはスペイン語という違いもあります。ちなみにジャングルの語源はサンスクリット語で「未開の乾燥した土地」という意味だったそうですが、ヒンディー語に訳される時に「未開の土地」、英語に訳される時に「未開の密林」という異なる意味になったようです。

アマゾン

ジャングルは
東南アジアや
アフリカに広がる
熱帯林
南米のアマゾンに
広がるのは
セルバなのよね
ジャングルの定義は難しいが、オックスフォード植物学辞典によると「つる植物、タケ類、ヤシ類などが生い茂った亜極相熱帯雨林」となっているな。

ミニ解説　ブラジルは熱帯雨林が密集しているイメージですが、実際にはAw（サバナ気候）が大半を占めています。

53

雨が降りにくい地域の共通点

乾燥地域

地球上には雨の降りやすい場所と降りにくい場所があります。降りにくい場所は主に2つあります。**①亜熱帯高圧帯**と、**②隔海度が高いところ**です。

①の亜熱帯高圧帯は、緯度20〜30度（回帰線上）に形成される高気圧帯です。**空気は高気圧から低気圧に向かって流れるため、この付近は晴天になりやすくなります**。世界に広がる**乾燥地域**がこの付近に集中するのはそのためです。大陸の東岸のように、季節風などの影響で降水量が多くなる地域には、乾燥しにくい場所もあります。地図で見てみると、大陸の西岸は乾燥しているのに、東岸は温帯などに属しているのがわかります。

②の隔海度は、海からの距離のことです。「隔海度が大きい」とは、海からの距離が遠いことを示しており、**雨の元となる水源から遠いため雨が降りにくくなる**のです。ですから中国のゴビ砂漠（北緯40度付近）のような内陸地域は、海からの湿った空気が流入しにくいため乾燥しているのです。

乾燥地域は集中しているので、なぜ乾燥しているのか理由を考えるのもおもしろいですね。

乾燥地域の分布

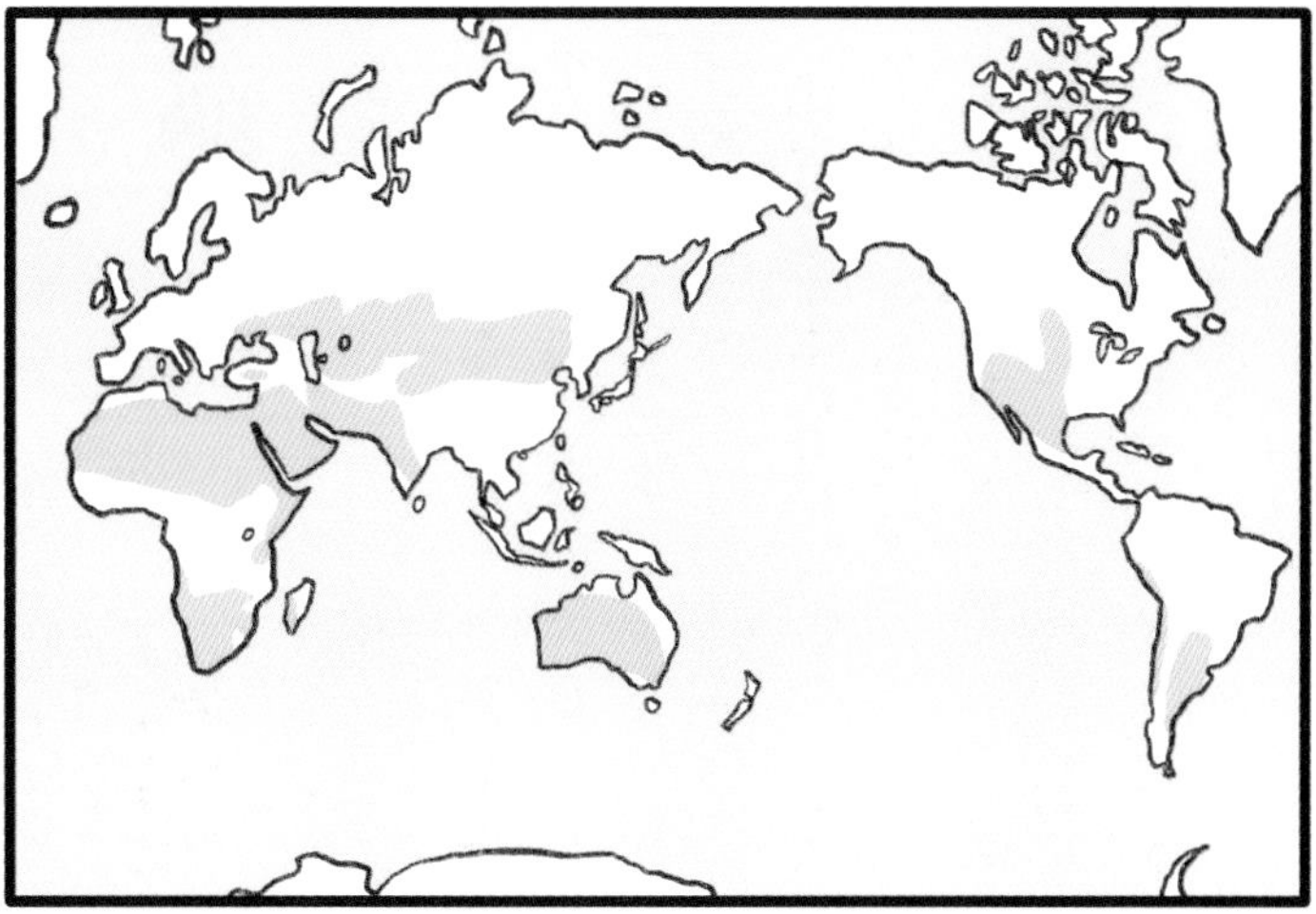

乾燥地域の成因

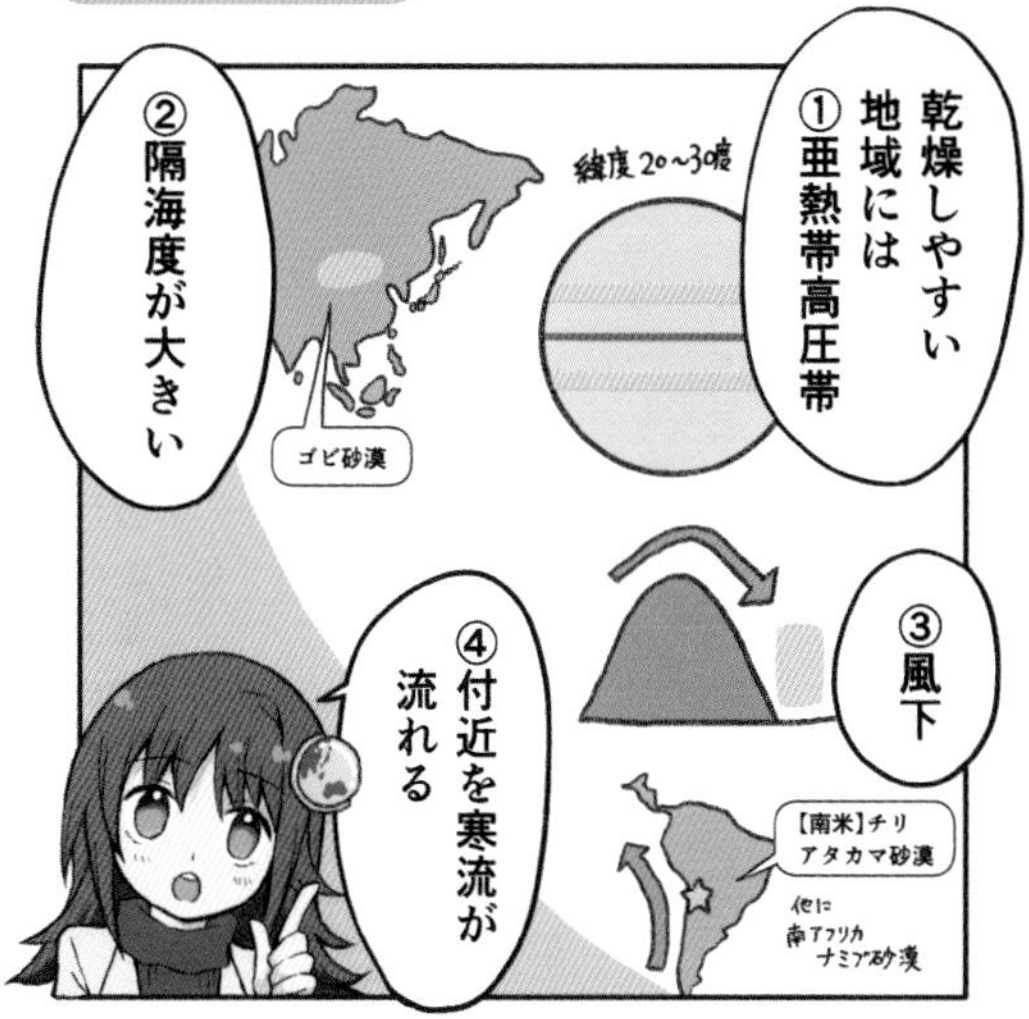

乾燥しやすい地域には①亜熱帯高圧帯
緯度20~30度
②隔海度が大きい
ゴビ砂漠
③風下
【南米】チリ アタカマ砂漠
他に 南アフリカ ナミブ砂漠
④付近を寒流が流れる

乾燥地域のおおまかな位置はこんな感じだ。でもそれぞれ成因が違うんだぜ。

ミニ解説　雨が降らなかった日数の世界記録は、南米チリのアリカで、14 年 5 ヵ月（1903 ～ 18 年）だそうです。

54

生きるための地下水路

カナート

アフリカの北東部、エジプト付近を上空から見ると、左ページの画像のように、緑色のイチョウの葉のような地形が見られます。これはナイル川の三角州です。この地域は乾燥気候に属しておりサハラ砂漠が広がっていますが、ナイル川は乾燥にも負けず流れ続け、地中海まで届きます。こうした**乾燥地域を貫流する河川を外来河川**といいます。

水を得にくい乾燥地域では、人々はこうした外来河川の周辺で暮らしているため、木々や農地が集中し緑に見えるのです。こうした乾燥地域では貴重な水を得るために様々な工夫がなされています。

イランを上空から眺めると、直線上に穴がボコボコ開いている地域が見られます。これは地下水路の穴です。この**カナートと呼ばれる地下水路は、山麓の扇状地から流れる地下水を水源としたもの**で、紀元前700年頃には造られていたようです。陸上ではなく地下に水路を造ったのは、乾燥を防ぐためです。ボコボコした穴は、取水や地下水路の施工・修理、通風のために造られ、古代からメンテナンスをしていたことがわかります。

カナート

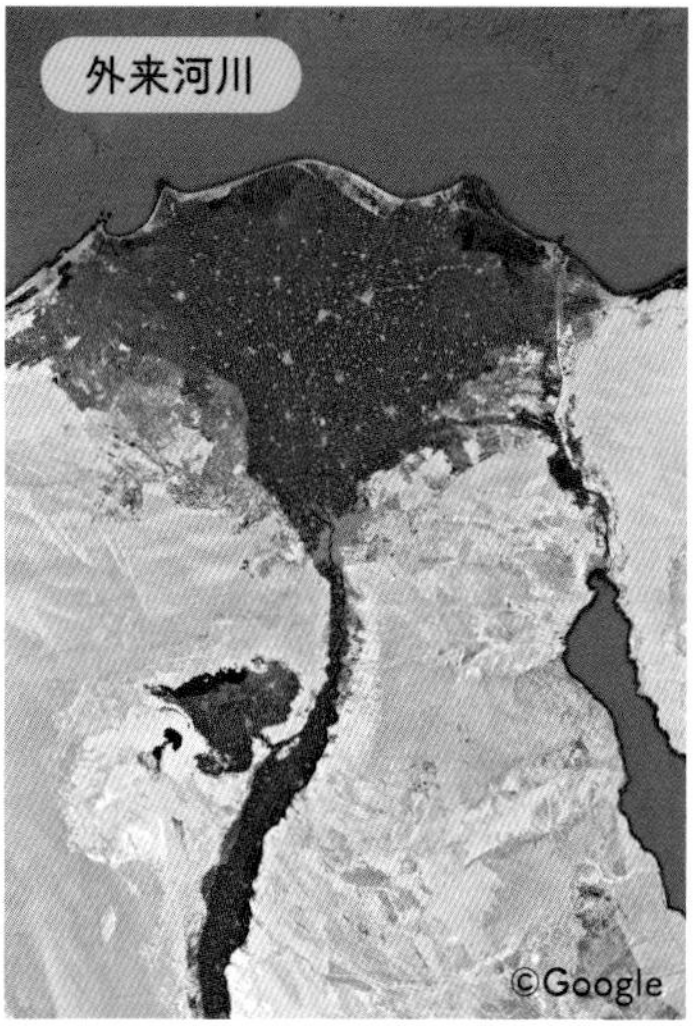
外来河川
©Google

こっちはカナート。
この下に地下水路があるんだよ。
水を蒸発させない知恵だね。

周りが砂漠なのに、枯れずに流れているよね。これを外来河川というんだ。雨の少ない地域にとっては命の川だ。

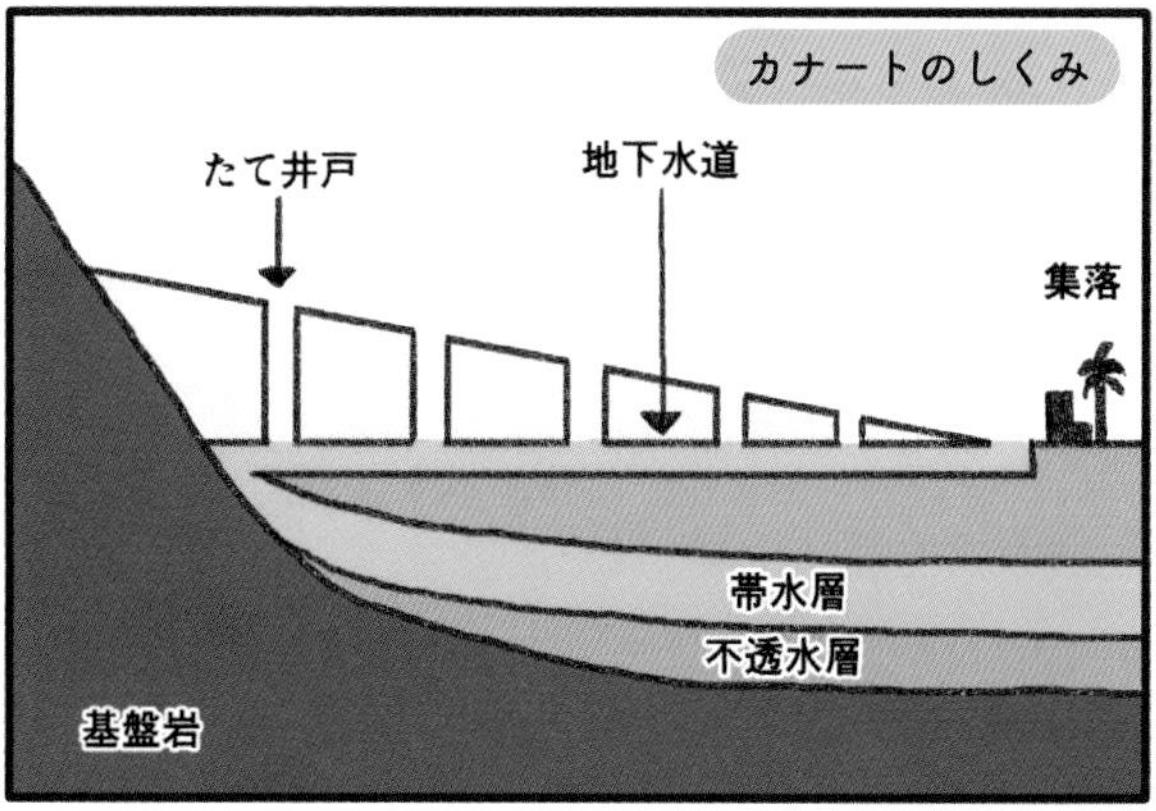
カナートのしくみ
たて井戸
地下水道
集落
帯水層
不透水層
基盤岩

このしくみは紀元前 700 年頃にはあったそうよ。

ミニ解説　地下水路は他の地域にもあります。北アフリカではフォガラ、アフガニスタンではカレーズと呼ばれています。

55

地中海がバカンスで人気の理由

地中海性気候

夏休みに遊びに行こう！　と思ったら雨が降って中止という経験はありませんか？　日本の夏は、湿度が高く雨もよく降るので蒸し暑い気候になりがちです。

しかし**地中海地域では、夏に雨があまり降らないのです！**　フランスのニース海岸などは、その気候を利用した**バカンス**（夏の長期休暇）の旅行先として人気があります。ではなぜ、気温の高い夏に雨が降らないのでしょうか？　それには気圧帯が関係しているんです。

地中海の南部には、サハラ砂漠の要因となっている亜熱帯高圧帯が形成されています。この気圧帯は夏になると北上し、地中海地域に乾季をもたらします。地中海では気温の高い夏の時期に乾季が来るので、耐乾性の高い植物が多く見られます。ブドウやオリーブ、コルクなどがその代表例で、生産量は世界でも上位に入っています。

冬になると、今度は亜寒帯低圧帯が高緯度地域から南下し、その影響によって雨が降りやすくなります。このように中緯度の大陸西岸で夏に乾燥して冬に降雨が多くなる気候を**地中海性気候**（Cs）といいます。

ニース海岸

地中海性気候
冬
亜熱帯高圧帯
夏
亜熱帯高圧帯
フランスではバカンス法で休暇を義務付けているのよね。
北アフリカに乾燥をもたらしている亜熱帯高圧帯が夏になると北上してきて地中海に影響を与えるんだ。これが夏に乾燥する原因なんだな。

ミニ解説　亜熱帯高圧帯が北上する理由は、地軸の傾きです。太陽の当たる角度が変わるので気圧帯も移動するのです。

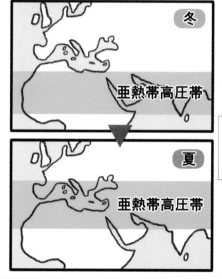

56

ケニアはバラの一大生産地!?

ホワイトハイランド

お花屋さんにキレイなバラが並んでいるのを見かけることがあります。産地を見てみると「ケニア」と書かれているものもあります。**実はケニアがバラの名産地**って知っていましたか？

ケニアはバラの栽培に適した地域なんです。ケニアは赤道直下に位置する国で、Ａ（熱帯）気候に属していますが、首都ナイロビはＣ（温帯）気候に属しています。ナイロビは標高が１８００ｍ近くあり、周辺地域よりも気温が低いためです。

１９２０年代にケニアがイギリスに支配されるようになると、イギリス人が周囲よりも涼しいこの地にやってきました。**ホワイトハイランドと呼ばれた白人のための農園では、ヨーロッパ人の好む茶や花などが栽培されました。**バラもその一つです。赤道直下のため日照時間が長いことや、高地なので寒暖の差が大きく、高品質のバラを栽培するのに適した環境であったことが、一大産地となった要因です。

またヨーロッパとアジアの中間地点にあることも、世界中で販売できるケニアの大きな利点です。

ちなみに収穫後、17時間で日本に届きます。

ケニアのバラ農園
ケニアはバラの輸出額が世界第2位に入るほどだ。
ケニアはヨーロッパとアジアの中間にあるから輸出しやすかったのもポイントだね。
ケニア
バラの輸出

ミニ解説　ケニアの切り花産業に従事している人は、10万人もいるそうです。間接雇用まで含めると120万人にも及ぶようです。

57

日本に四季がある理由

四季

日本は四季が美しい国といわれることがあります。四季は日本にしかないのでしょうか？　そもそも四季とは何なのでしょうか？

四季とは、春・夏・秋・冬といった4つの季節の総称です。季節は太陽光の変化によって生じます。地球は自転しながら太陽の周りを公転しているので、時期によって太陽から受ける熱エネルギーに差が生じます。**特に太陽高度の高い日を高日季**といい、太陽光を受けやすく気温が上昇するので夏になります。反対に**太陽高度が低い日を低日季**といい、太陽光が弱く気温が低くなるので冬になります。気温は太陽高度によって変化しますが、高緯度地域のように最高気温が10℃未満だと夏が存在しない地域もあり、こうした国には四季はありません。一方、**温帯に位置している国**では四季が見られます。

ではなぜ、「四季は日本固有のもの」というイメージがあるのでしょうか？　**日本付近では季節によって発達する気団が異なり、風向きや降水量が大きく変化するだけでなく、山がちで多様な地形があるため、季節によって様々な植生や景観が見られるからです。**

四季

ミニ解説　季節は、『万葉集』（7～8世紀）でも詠まれ、古くから日本の文化に影響してきました。

58

西ヨーロッパの夏はなぜ涼しいのか

西岸海洋性気候

夏の暑さにバテて、冷房の効いた部屋で元気を取り戻す人も多いですよね。もし夏でも、気温が環境省が推奨する室温（28℃）よりも涼しい地域があったら羨《うらや》ましいですよね？

実はそんな地域があるんです。Ｃｆｂ（西岸海洋性気候）の地域です。ヨーロッパのアルプス山脈以北の大半を占める**この気候区の特徴は、夏の平均気温が22℃未満で、冬もマイナス3℃よりも寒くならないという快適さ**です。

なぜこんなにも快適な気候なのでしょうか？これにはこの地域の位置が関係しています。Ｃｆｂ気候は、最も高緯度に位置するＣ（温帯）気候です。他の同緯度地域はほぼＤ（亜寒帯）気候に属しています。日本でいうと北海道よりも高緯度にあるので、平均気温は低くなります。しかし、**付近を流れる暖流（北大西洋海流）の熱を偏西風が運んでくれるため、温暖な気候になっている**のです。

またこの地ではブナの木が多く見られます。ブナは枝葉を多く落とす落葉広葉樹で、肥沃な大地を形成しやすいので、人が集住する要因の一つとなっています。

ロンドンは北海道よりも緯度が高いんだよ
それなのに雨温図を見るとそこまで寒くないわね
ヨーロッパ西部には北大西洋海流という暖流が流れている
この暖流の熱を偏西風が運んできてくれるんだ
だから平均気温が安定しているのね
日本の秋ぐらいの気温だな
さらに夏の平均気温は20℃未満だ
ブナの木が枝葉を落とすから土壌も肥沃になっているんだよ
気候も良く土壌も豊かだから人が集まりやすいんだな

ミニ解説　この気候は西岸海洋性気候と呼ばれ、大陸の東部（オーストラリアやアルゼンチンの東部）でも見られます。

59

世界最古の湖の秘密

断層湖

世界最古の湖を知っていますか？　それは**バイカル湖**です。この湖はロシア南東部のシベリア地域にあり、三日月の形をしているのが特徴です。この三日月の形こそが世界最古の証拠でもあるんです。

バイカル湖はユーラシアプレートとアムールプレートの境界部分の断層に形成された**断層湖**で、プレートの境界に沿って形成されているため三日月の形をしているんです。この地形が形成されたのは、なんと**３０００万年前！**

かつては**北極海とつながっていたため海水**でしたが、長い年月をかけて河口付近が陸地化して淡水になりました。**バイカルとはタタール語で「豊かな湖」を意味し**、その名の通り多種多様な生物が生息しています。

深さは１６００ｍ以上もあり、世界で最も深い湖でもあります。**湖の透明度は40ｍもあり、「シベリアの真珠」と呼ばれるほど美しい**んです。冬季には凍結するので交通路としても利用されています。世界最古の湖は、透明度・水深・貯水量も世界一で、４つの世界一を誇る様々な特徴を有した湖なんです。

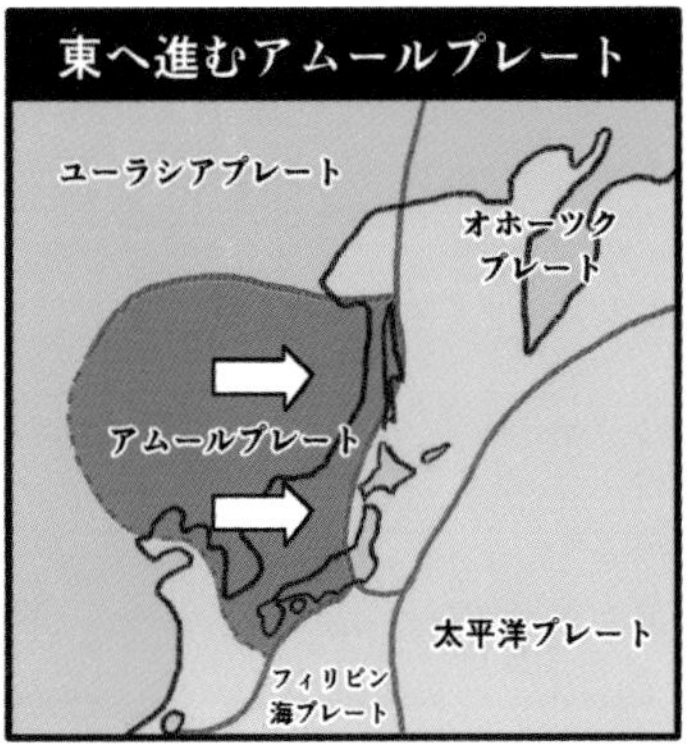
東へ進むアムールプレート
ユーラシアプレート
オホーツク
プレート
アムールプレート
太平洋プレート
フィリピン
海プレート

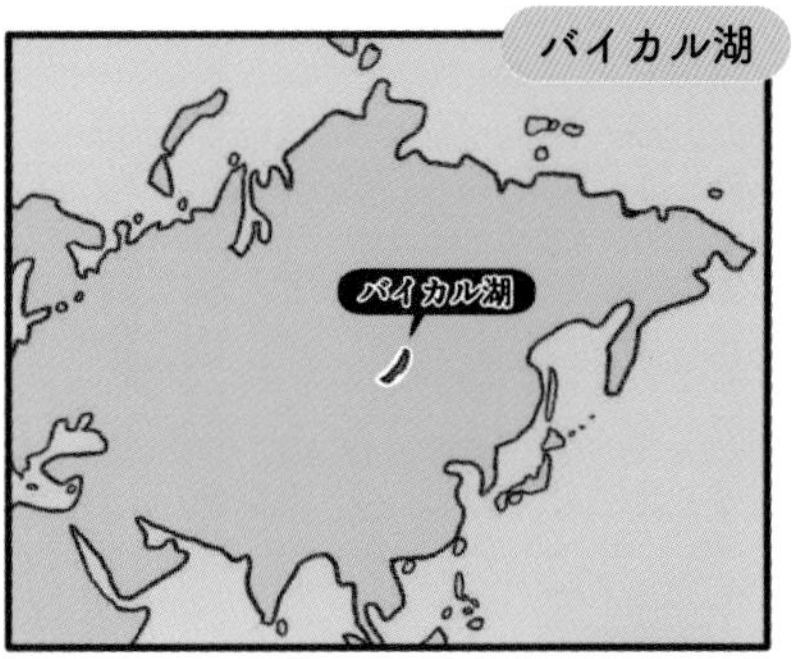
バイカル湖
バイカル湖

バイカル湖は世界最古の湖といわれていて
その深さは世界最深で 1600 m もあるんだ。
ここは2つの大陸プレートの境界に位置
していてそこが断層となってできた断層湖なんだ。
プレート境界の割れ目に水が入ってできた湖だから
深いんだよね。

凍った湖の上を車が走れるなんて
どんだけ寒いんだ……

冬のバイカル湖

ミニ解説 バイカル湖に生息している生物は1500種もいて、そのうち1000種は固有種です（バイカルアザラシなど）。

60

高床の家は熱帯・冷帯の両方にある

高床

世界の伝統的家屋には、様々な形があります。例えば日本には、合掌造《がっしょうづく》りという豪雪地帯に適した家屋がありますよね。それと同じように自然環境に適した家は他の地域にもあるのですが、**高床の建築物は熱帯地域と冷帯地域の両方で見られるのです**。なぜ両極端な環境で、同じような構造の建物が見られるのでしょうか？

これには各地の気候が関係しています。**熱帯地域は雨の量が多く、浸水被害の恐れがあるため高床になっています**。また湿度が高いので、通気性を良くするという理由もあります。

それに対して冷帯地域では、降水量の心配をする必要はありません。しかし**地面と家屋が接していると、室内の暖房などによる生活熱で凍った大地が融解し、地盤沈下を引き起こす可能性があります**。地面と家屋の間をあけるために高床になっているのです。いずれも気候に適した構造なんですね。

しかし近年はエアコンなどの普及もあり、伝統的な家屋は減っています。人間が暮らしやすくなる一方で、世界各地で同じような建築物になってしまうのも寂しいですね。

熱帯の高床建物
暑い地域は
①浸水被害を防ぐ
②風通しを良くする、などの理由で
高床の家屋になっているわ。
冷帯の高床建物
寒い地域では家の熱で永久凍土が融けちゃうと地盤沈下する恐れがあるから、家屋の熱が地面に届かないようにするために高床になっているんだよ。

ミニ解説　熱帯地域の高床の家屋は、見つけるのが困難なほど数が減っています。

61

世界で一番寒い村には水道管がない

亜寒帯冬季少雨気候

世界で一番寒い町を知っていますか？　それは**ロシアの北東部に位置するオイミャコンという村で、1926年1月にマイナス71・2℃を記録しています。**年間平均気温はマイナス15℃と、1年の半分以上は冬の村なんです。家庭用冷蔵庫の温度は2〜5℃で、冷凍室ですらマイナス18℃なので、その寒さは歴然ですね。では、なぜここまで寒くなるのでしょうか？　これには村の位置が関係しています。

オイミャコンのあるシベリア地域は、Ｄｗ（**亜寒帯冬季少雨気候**）に属しています。この気候の特徴は「冬季少雨」です。**冬季に晴天が続くため、放射冷却現象が発生しやすくなります。**

さらにヒマラヤ山脈が暖気をせき止めたり、緯度が高いため日照時間が短いなど、寒くなりやすい要素が多くあります。**あまりの寒さのため水道管がありません。寒すぎて水が凍って流れないからです。**

洗濯物は外に干すと凍ってしまいますが、氷をはたくと凍った水分が落ち、乾いた状態になるという不思議な現象が見られます。人はどんなところでも適応して生活しているのですね。

オイミャコン

露店に置いてある魚も
一瞬で凍るから冷凍庫
いらずだね。
ちなみに寒すぎて
ウイルスも活動しにくい
から病気にもなりにくいん
だってさ。

マイナス70℃なら水道管なんて一瞬で氷漬けだな
給水車がまわってくるそうだ
!?
洗濯物も凍らせて乾かすなんて不思議ね

この村の人口は
500人ぐらい
なんだって
(2019年)。

ミニ解説　放射冷却とは、日中に暖められた空気が、雲などの障害物がない晴天時に上空に逃げてしまい気温が下がる現象のことです。

62

南極の氷の厚さは富士山の標高以上

南極

南極といったら氷に包まれた世界を想像しますが、その氷の厚さはどのぐらいだと思いますか？　なんと**平均2450m**もあるんです！　**一番分厚い氷だと4000m以上もあり富士山（3776m）よりも厚いのです。**これほど分厚い氷に包まれているので、南極の陸地部分は未開拓のままです。

氷が厚くなった理由の一つに、大陸の平均高度があります。ヒマラヤ山脈を有するユーラシア大陸は平均高度が高く960mもあるのですが、南極はそれを軽く超える2200mなんです。なぜなら大陸が氷で覆われていて、雨風で侵食されないからです。これほど分厚い氷ですが、**現在、3000m近くまで掘り、70万年前の氷を入手するところまできています。**

さらに深いところまで掘り、100万年前の氷を採取できれば、**その氷に含まれている大気成分を解析することで、長期的な気候変動の解明につながるでしょう。**また、南極の大地には大量の鉱物資源が眠っているかもしれないので、人類の希望が詰まっているともいえますね。

南極

この分厚い氷の中には太古の空気の成分が含まれているし、その下の大地にはまだ見ぬ資源が存在しているかもしれないのね。
3000mほど採掘できているけれど
最深部までは到達していないんだ
日本2位の標高の北岳（3192m）ぐらいの深さまで掘ったのか……
ドームふじ基地

ミニ解説 南極の面積は約1400万㎢あり、日本の約37倍です。世界の大陸氷河の大半は南極にあります。

63

キリマンジャロはすべての気候を体験できる

逓減率

アフリカの東部にアフリカ大陸最高峰のキリマンジャロがあります。**標高5895mもあるこの山は、地球上に存在するほとんどの気候を体験できるって知っていましたか？**

キリマンジャロは赤道直下に位置するため、麓付近はAw（サバナ）気候が広がっています。そこから1800mほど登っていくと、熱帯雨林が広がっています。標高が高くなるにつれて温暖な地域で育つ植物が見られるようになり、標高3000m付近にさしかかると丈の高い樹木が見られなくなります。これを森林限界といい、高地では気温の低下や降水量の減少など、植物の生育に必要な条件を満たさなくなっていくため、丈の高い樹木が見られなくなるのです。

標高4000m付近になると寒冷気候となり積雪も見られ、標高5000mを超えると永久凍土が広がる寒帯と同様の気候になります。

気温は標高が100m高くなると、0・65℃下がります。これを**気温の逓減率**といい、5000mも高くなると、30℃近く下がる計算になります。麓が30℃を超えていても、山頂は氷点下になるんです。

ケニアのサバンナとキリマンジャロ

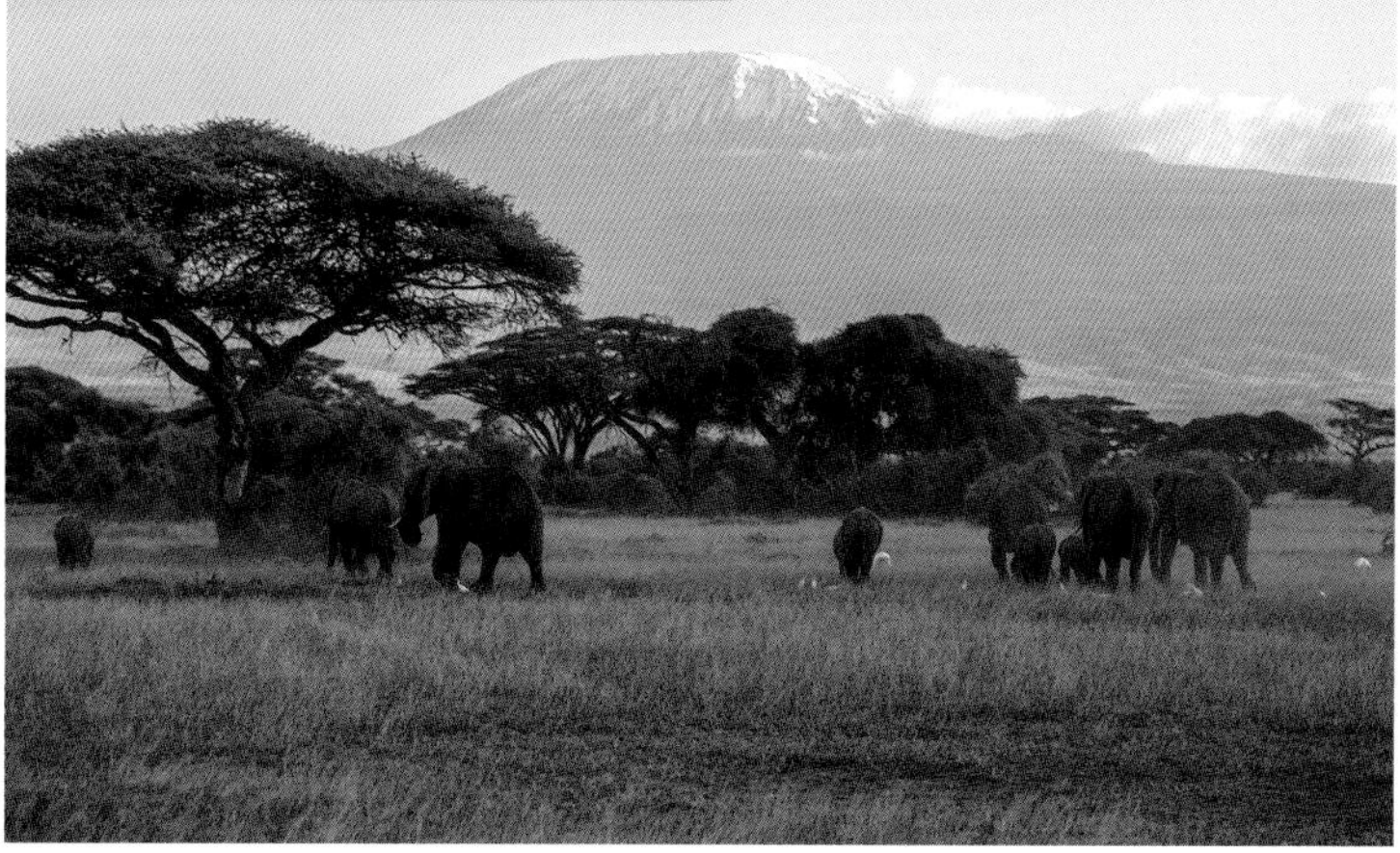

麓と山頂の気温差は30℃以上。
赤道直下でも雪が降るわけだ。

写真で見てわかる通り、
氷雪気候からサバナ気候まで全気候区を一望できるんだ。

キリマンジャロの気候区分

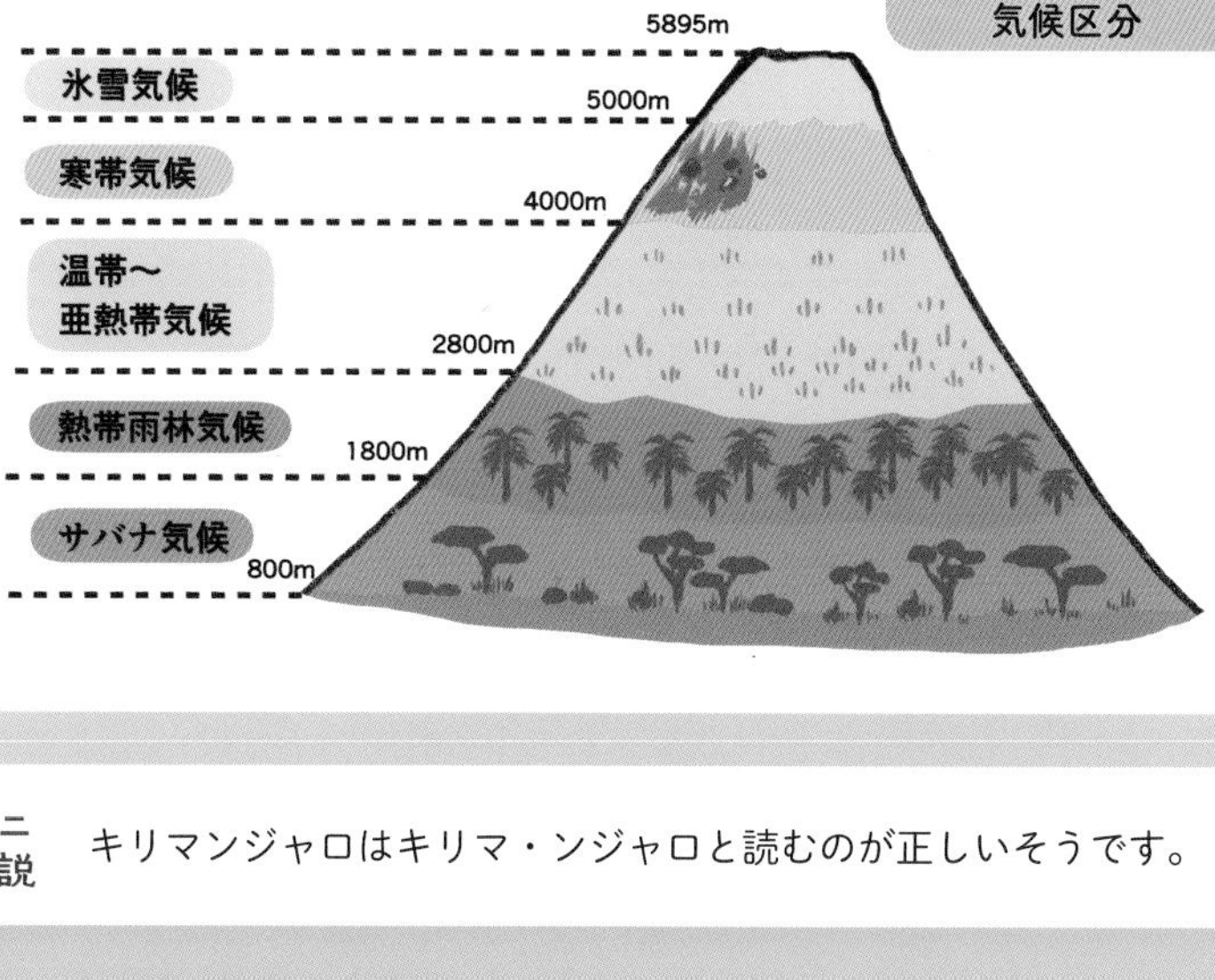
5895m
氷雪気候
5000m
寒帯気候
4000m
温帯～亜熱帯気候
2800m
熱帯雨林気候
1800m
サバナ気候
800m

ミニ解説　キリマンジャロはキリマ・ンジャロと読むのが正しいそうです。

64

雲よりも高い場所で暮らせるか

高山気候

雲が発生するのは、標高何mぐらいか知っていますか？　上層雲は標高5000mぐらいから発生するのですが、下層雲は標高2000mぐらいから発生します。そんな**雲の発生する標高2000mよりも高い標高3000m以上の場所で暮らしている人々がいます**。

標高2000m以上の地域は高山気候と呼ばれ、ケッペン気候区分にはありません。気候要素にかかわらず、標高が高ければ成立してしまう特殊な気候なんです。

特徴は**①標高が高く周辺地域より気温が低い、②日射や紫外線が強い**、などです。

なぜこのような高山に暮らす人々がいるのでしょうか。高山地域は、熱帯地域付近に多く見られます。したがって、麓だと気温が高くて暮らしづらいのです。しかし標高が高いところに行けば、一年中快適な気温になりますよね。

また**高山地域でも、ジャガイモは寒さに強いので栽培できます**。のちにヨーロッパ人が持ち帰ったことで、この作物が世界中に広がることになり、現在の私たちの食文化にも大きな影響を与えています。

熱帯地域の標高と栽培作物

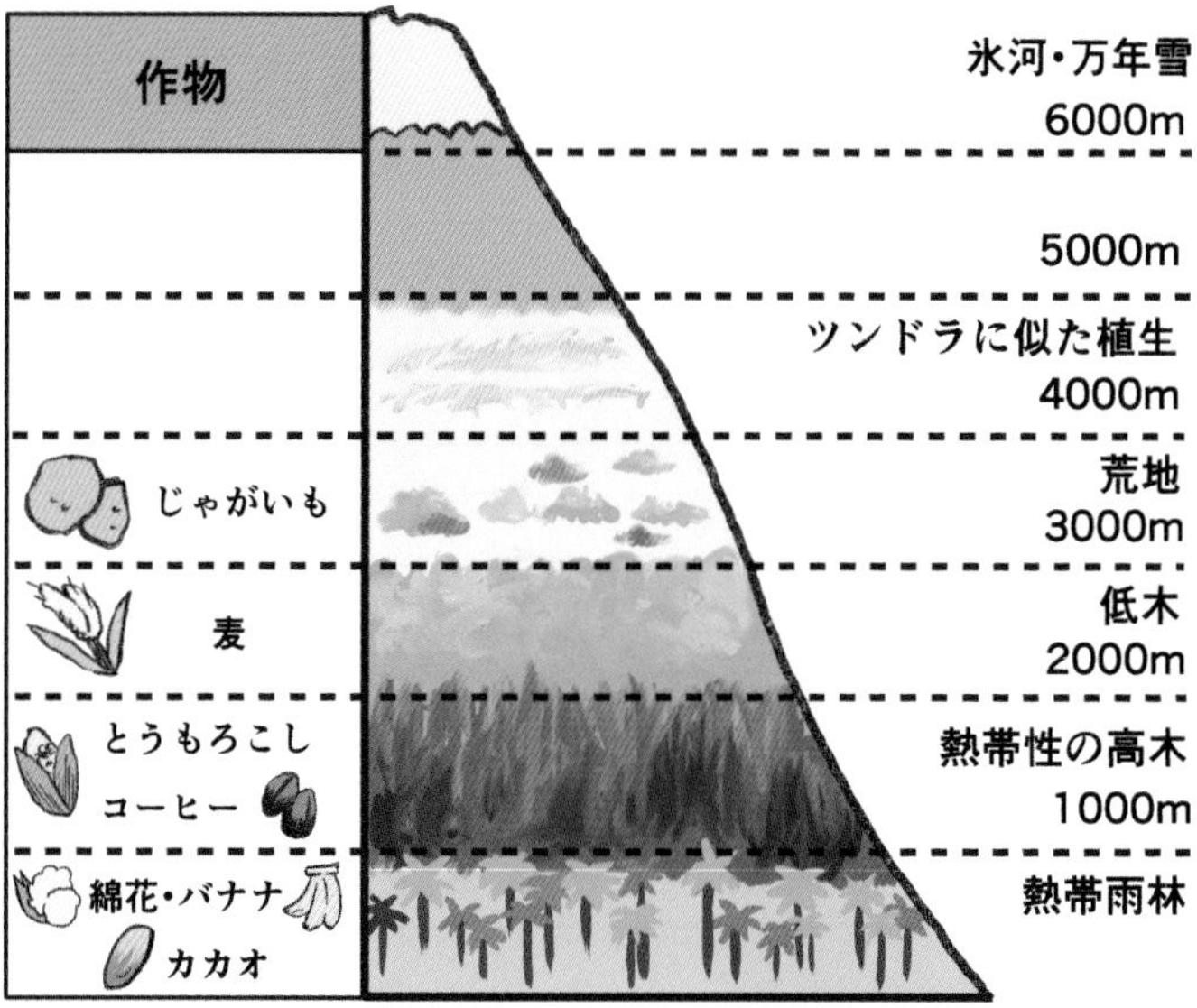
作物
氷河・万年雪
6000m
5000m
ツンドラに似た植生
4000m
じゃがいも
荒地
3000m
麦
低木
2000m
とうもろこし
コーヒー
熱帯性の高木
1000m
綿花・バナナ
カカオ
熱帯雨林

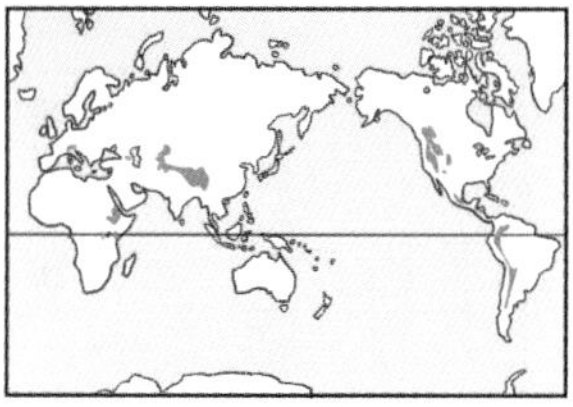

ジャガイモの起源はアンデスなのよね
POTATO's roots
最初は家畜のエサだったけれど
今じゃ世界の食卓に並ぶ食材だな

高山気候の大半は赤道付近だよ。標高が高いと気温が低くて過ごしやすいから、そこで暮らしているんだね。

ミニ解説 高山地域の家畜として、アンデス地域にはアルパカやリャマ、チベット高原にはヤクなどがいます。

気候分野って理科的な要素が強くて難しいんだよな
けど地理を理解する上で欠かせないことなんだよ
暑い
寒い
雨が降る
降らない
は農業に大きな影響を与えるよ
農業は食文化にも影響を与えるわね
食文化が変われば観光も変わるし交通も変化するわ
インドカレー
フォー
ボルシチ
ピロシキ
なるほどな
気候は全てに関わってくるな
何より旅行は天気が重要よ
雨なら室内行程に変更よ
日常生活でも役立つ知識だよね

第3章

環境

65

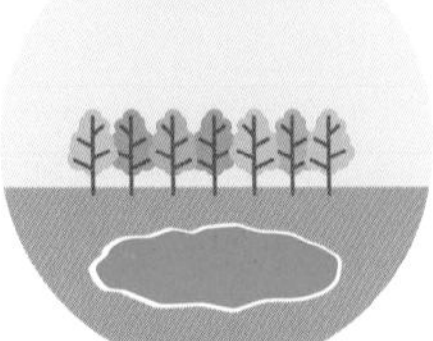

エルニーニョの意味は「神の子」

エルニーニョ

太平洋の熱帯域東部の海面温度が上昇する現象をエルニーニョ現象といいます。ニュースなどでもよく聞くこの用語の由来を知っていますか？

実は「神の子イエス・キリスト」という意味なんです。エルニーニョ（El Niño）とは、スペイン語で男の子を意味します。しかし日本語にはない定冠詞の「エル」が付くことで、幼子イエス・キリストという意味になるのです。

では、海面温度の上昇と何が関係しているのでしょうか？　それは時期です。クリスマスの頃になると、ペルー沖の海面温度が上昇し、いつもとは違う魚が大量に獲れます。この光景を見た漁師たちが、クリスマスという時期の現象なので「エルニーニョ」と名づけたようです。

この不思議な現象には貿易風が関わっています。ペルー沖は寒流のペルー海流によって冷やされ、海面温度が保たれています。しかし貿易風が弱くなると寒流が流れ込まなくなり、温度が上昇してしまうのです。逆に貿易風が強くなると寒流がたくさん流れ込むので、温度が低下します。この現象をラニーニャ現象といいます。風の強さ一つで世界中大騒ぎです。

エルニーニョ現象の範囲

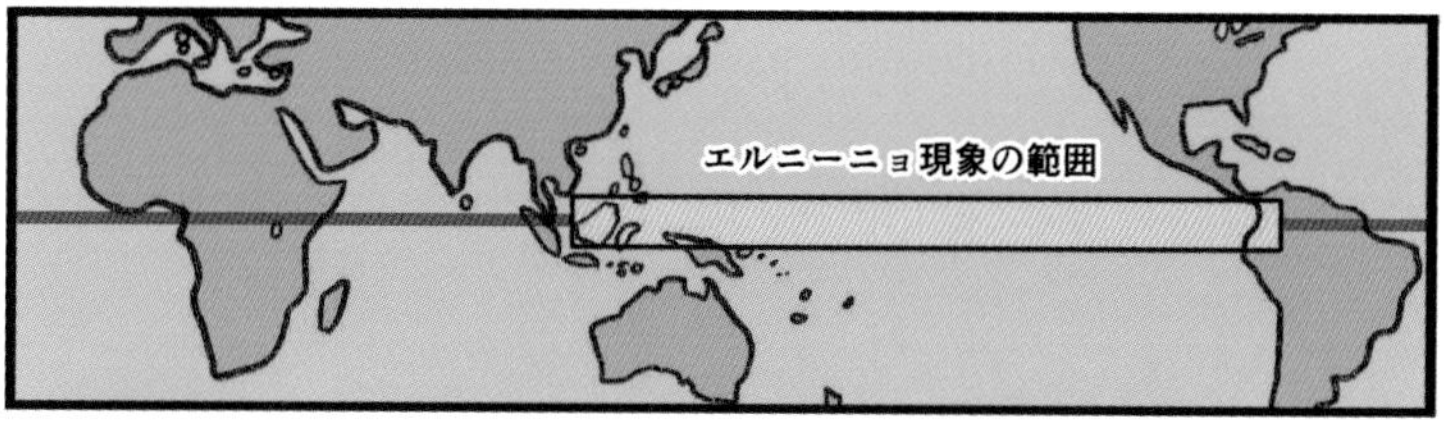
エルニーニョ現象の範囲

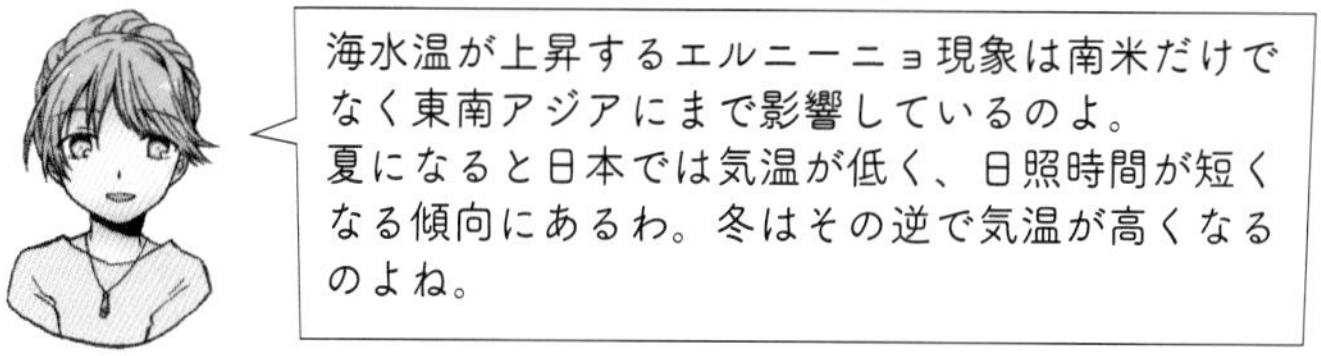
海水温が上昇するエルニーニョ現象は南米だけでなく東南アジアにまで影響しているのよ。
夏になると日本では気温が低く、日照時間が短くなる傾向にあるわ。冬はその逆で気温が高くなるのよね。

エルニーニョ現象のしくみ

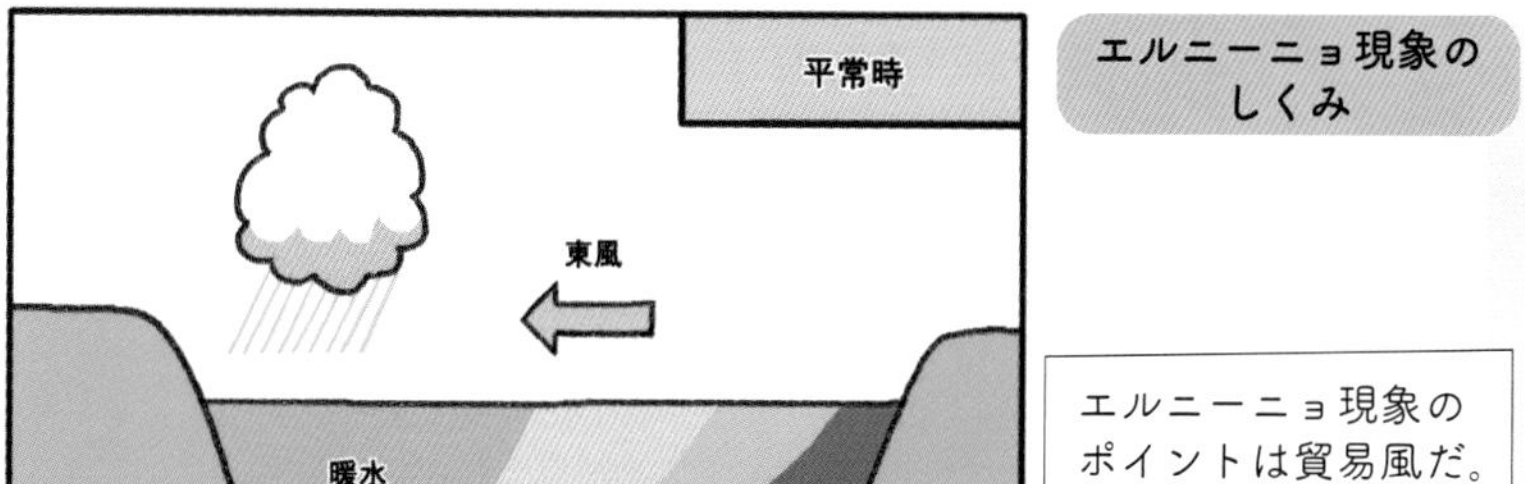
平常時
東風
暖水
冷水
インドネシア
南アメリカ
エルニーニョ現象時
弱い東風
暖水
冷水
インドネシア
南アメリカ
エルニーニョ現象のポイントは貿易風だ。平常時は暖かい海水が太平洋の西側に吹き寄せられているが風が弱くなると東方に広がり、海面の温度が上がるんだ。

ミニ解説 反対の現象がラニーニャで「女の子」という意味です。初めは「anti-El Nina」と呼ばれましたが、語感が悪いため、「La Nina」となりました。

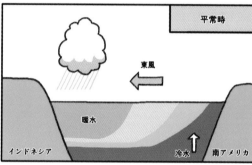

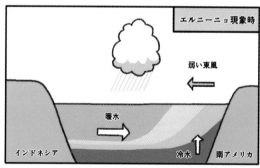

66

東京都が南国よりも暑い理由

ヒートアイランド

7月の平均気温が高いのは、沖縄県と東京都のどちらだと思いますか？　イメージからすると、沖縄県の方が高そうですよね。

実は沖縄県那覇市の8月の日平均気温が28・6℃なのに対し、東京都は29・2℃なんです（2023年）。**東京都の方が気温が高いなんて驚きですよね！**　これには、都市ならではの環境が影響しています。

都市は人口が多く、社会経済活動も活発なので、大量のエネルギーが消費されます。その過程で熱が生み出され、気温が上昇しやすくなります。

さらに都市は、熱を蓄えやすいアスファルトやコンクリートで覆われ、高層ビルは太陽の熱を受けやすくなっているので、郊外に比べて暑くなりやすいのです。

気温を分布図で表してみると、都市部だけが局地的に高くなっていて、島のように見えることからヒートアイランド現象と呼ぶようになりました。

最近では都市を少しでも冷やすために、緑地化運動や、ビルの配置を再検討する都市計画も進められています。

ヒートアイランド現象

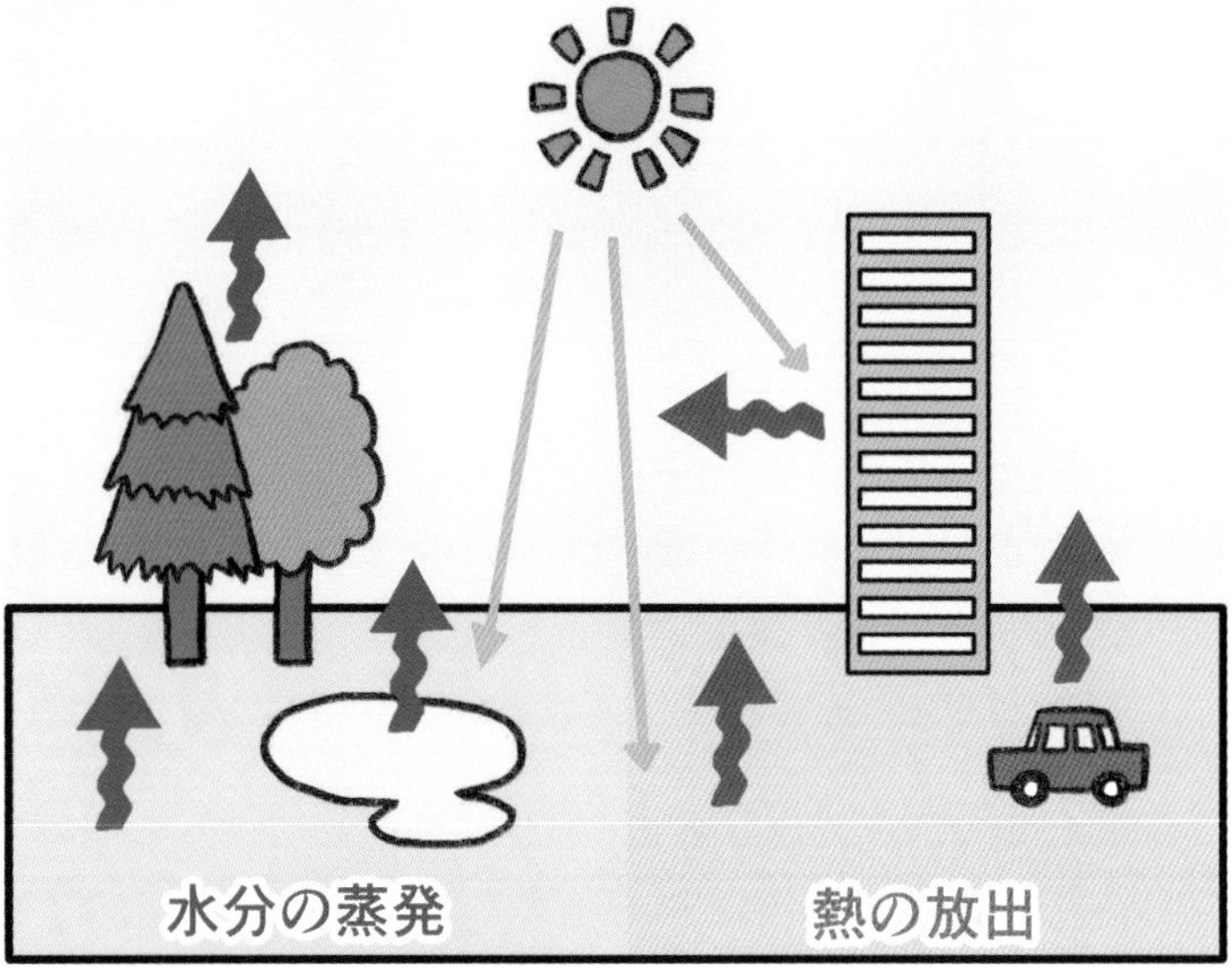
水分の蒸発
熱の放出

沖縄から帰ってきたぞ〜!
って東京あつッッ!!!
東京は熱がこもりやすいから暑いんだよね
おかえりー♪

都会では深夜まで開いているお店も多いから、一日を通して電力消費による発熱が多いことも関係しているのよね。
節電の目的はこういうところにもあるのよね。

ミニ解説　東京都では 2018 年 7 月 23 日に青梅市で 40.8℃を計測していますが、海に囲まれた沖縄県は 40℃を超えたことがありません。

67

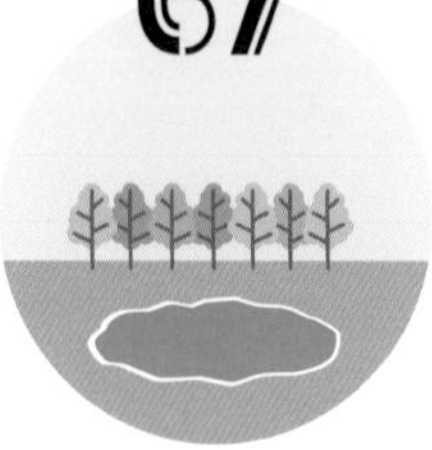

北欧産のワインが飲める時代

温暖化

地球温暖化という言葉をよく耳にします。では気温はどのぐらい上昇したのか知っていますか？

IPCC（気候変動に関する政府間パネル）が2021年に発表した内容によると、**2001〜2020年の世界の平均気温は1850〜1900年よりも約1.1℃上昇したそうです。**

たった1℃程度と思う人もいるかもしれませんが、**1℃上昇することで1日の降水量は7％ほど増え、洪水を引き起こすほどの大雨のリスクも高くなるのです。**

その他にも、海面上昇や動植物などへの影響があります。例えば、寒さに弱いブドウの栽培はドイツが北限とされてきましたが、**イギリスやそれよりも緯度の高い北欧地域でも、従来は栽培できなかった品種の栽培が可能になってきました。**

これは良いことのようにも思えますが、伝統的に栽培されてきた穀物が生育不全に陥ったり、今まで流行しなかった病気なども広まるようになりました。その他にも高山地域の氷河の融解、乾燥地域の拡大など、各国で気候の変化が問題となっています。

ブドウ栽培の北限

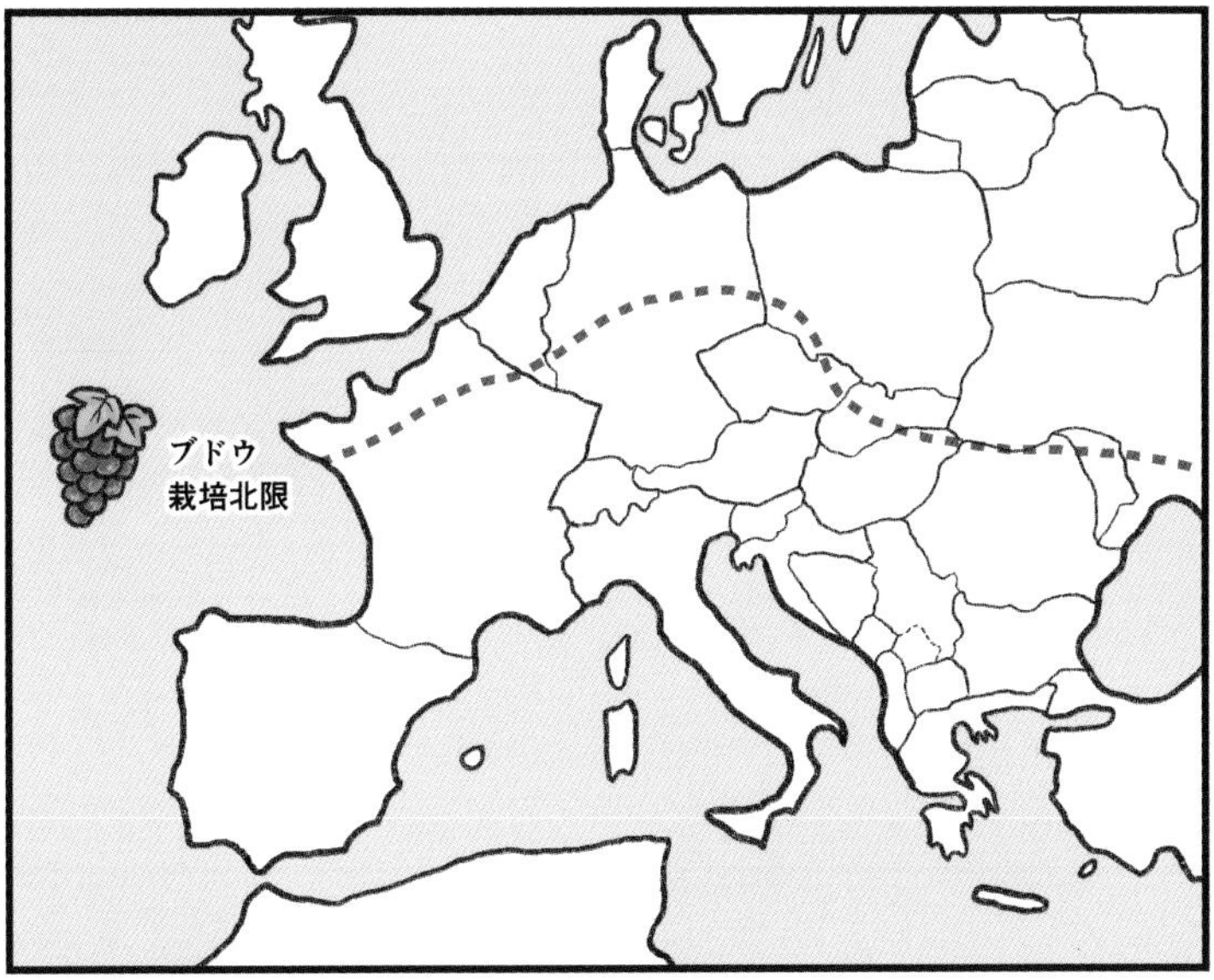
ブドウ
栽培北限

新しい地域のワインが飲めるのは嬉しいけれど
昔ながらのが飲めなくなるのは寂しいわ……
だからと言って全部飲まなくても……
はぁ……っ
ブドウの本来の栽培限界は上の図ぐらいだったんだ。でも温暖化や品質の改良によりそれよりも緯度の高い地域でも栽培が可能になったんだよ。

ミニ解説 イギリスのワイン製造は11世紀まで遡りますが、当時は小規模でした。近年の温暖化に伴い、ブドウがより寒い地域でも大規模に栽培できるようになったのです。

68

モルディブに迫る危機

海面上昇

「地球温暖化に伴い**海面上昇**が進んでいる」というニュースをたびたび耳にしますが、どのぐらい上昇するのか知っていますか？　ＩＰＣＣ（気候変動に関する政府間パネル）が２０２１年に発表した内容によると、**２１００年までに１ｍほど上昇すると予想**されています。

「たった１ｍ程度」と思う人もいるかもしれませんが、ただ事では済まない国もあります。それはインド洋に浮かぶ**モルディブ**です。

この国の大部分はサンゴ上に形成されていて、**標高も低く平均２・４ｍしかない**んです！　このままだと国が完全に水没する可能性が出てきました。実際にモルディブの砂浜はどんどん狭くなっています。海岸付近に生育していたヤシの木も砂浜の侵食により倒壊し、海にその残骸が浮かんでいます。

そんな危機的状況を打破するために、政府は人工島の造設を決定しました。シティ・オブ・ホープ（希望の島）と呼ばれる広さ４００haの人工島の海抜は２ｍが基準です。しかし、ここを使わなくてもよい世界を目指すのが私たちに与えられた課題です。

モルディブ
市域1.7㎢のこの都市に14万人が暮らしているそうよ。
この島にはモルディブ全人口の約4割にあたる20万人が暮らす予定だ。他に浮島の建設も進められているぜ。
シティ・オブ・ホープ

ミニ解説 沖ノ鳥島の標高は1mなので、日本の領土や領海も他人事ではありません。地球温暖化はみんなで取り組むべき課題です。

69

ウッドショックはなぜ起こる？

ウッドショック

木材の価格が高騰する現象をウッドショックといいます。この現象は過去に3回起きています。

1回目は、1990年頃、アメリカで絶滅危惧種に指定された、**マダラフクロウを保護するために天然林の伐採が規制された**のがきっかけです。同じ時期にマレーシアのサバ州でも、天然林保護のために丸太の輸出が規制されたため、世界各国で木材の供給不足から価格が高騰したのです。

2回目は、2006年。**インドネシアで森林の違法伐採の取り締まりが強化され**、木材の供給が減少したため価格が高騰しました。

3回目は、**新型コロナウイルスが原因**です。新型コロナウイルス蔓延の影響により、物流が停滞するなどして**林業従事者が仕事を失い、供給量が下がりました**。またステイホームの影響で、日曜大工に挑戦する人やリモートワークに伴い、都会を離れて郊外に家を建てる人が増え、木材の需要が増加したことも理由の一つです。その他にも、山火事や紛争によって木々が失われていることも挙げられます。森林資源は「自分が植えて、孫が切る」といわれるほど時間のかかる資源です。今ある資源を大切にしなければなりません。

1回目は マダラフクロウを 守るために 天然林の伐採が 規制されたんだ
同じ時期に マレーシアで 天然林保護のため 丸太の輸出規制が 行われたのも 原因ね
世界的に木材の 供給が少なく なったから価格が 高騰したんだな
2回目は インドネシアでの 違法伐採の 取り締まり強化だ
ピーッ
そして3回目は 新型コロナウイルス
新型コロナ ウイルスの影響で ①物流の停滞 ②リモートワークの 増加による 住宅需要の増加 などが挙げられるよ
紙の値段も 上がっているし 困ったものね

ミニ解説 森林面積は先進国では増加傾向にあるものの、開発途上国では減少傾向にあります。

70

日本は水の輸入国？

バーチャルウォーター

日本は水の輸入国って知っていましたか？　そういわれると、ミネラルウォーターをいっぱい買っているのかな？　と思う人もいるかもしれませんが、そういうことではないんです。

日本は食料輸入国です。特に家畜の飼料に使われている穀物の多くは、輸入に頼っています。この穀物を育てるためにどのぐらいの水が使用されているのでしょうか？

例えば、**1kgのとうもろこしを生産するために必要な灌漑《かんがい》用水は、なんと1800リットル**です。**牛肉を1kg生産するには、とうもろこしが11kg必要です。ということは、必要な水は約20000リットルにもなります。**これを**バーチャルウォーター（仮想水）**といいます。

日本は水資源に恵まれている国なのであまり気にしたことがないでしょうが、世界には、わずかな水や貴重な地下水を活用して農業を行っている国もあります。そうした国々からすると、食料と同時に貴重な水資源も輸出していることになるのです。

フードロスをなくすなど、食料を大切にすることは、世界の水資源を守ることにもつながります。

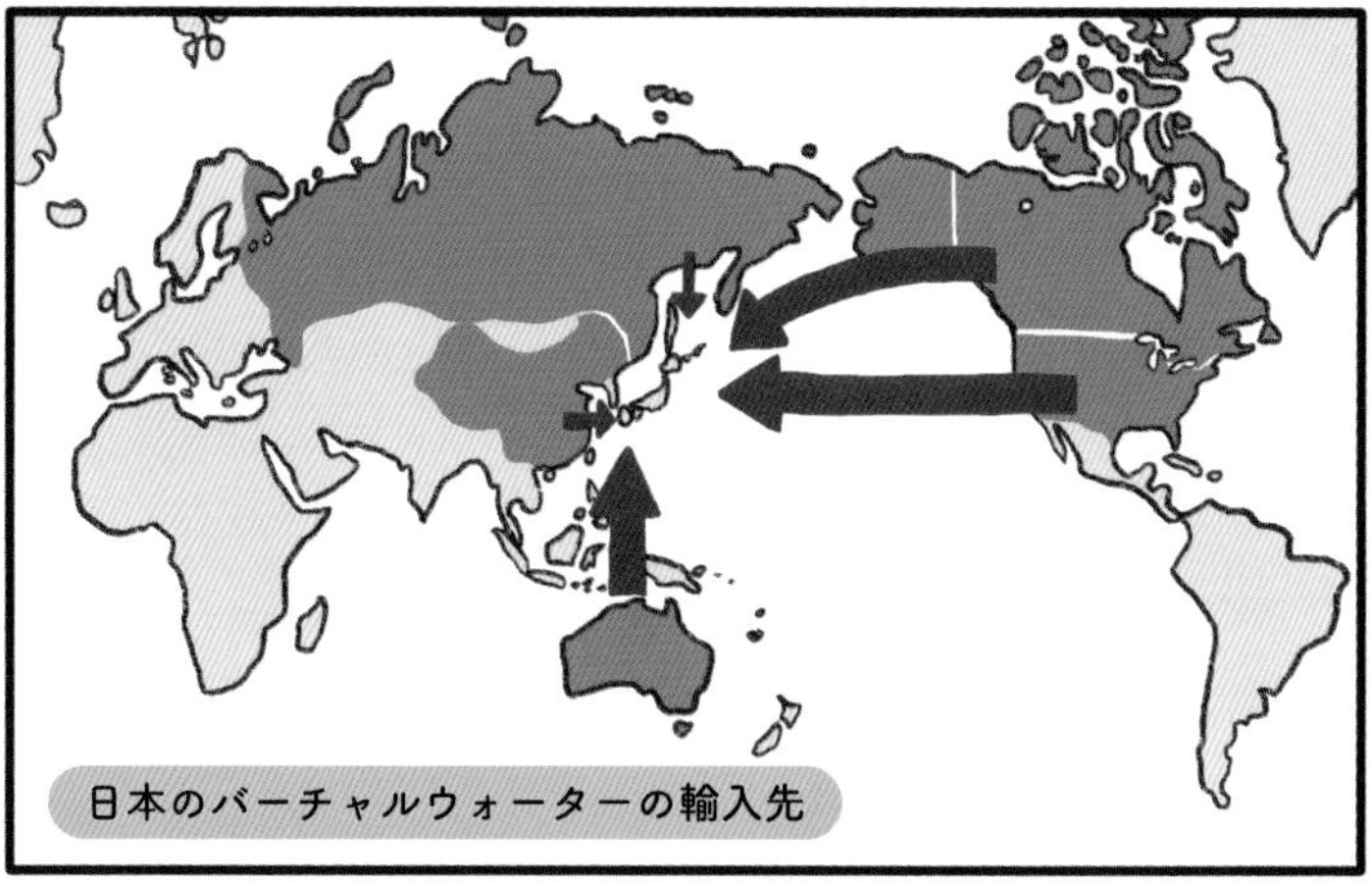

日本のバーチャルウォーターの輸入先

食料だけでなく
衣類にも当然仮想水
が含まれているから
もっと多いそうよ。
モノを大事にする
ことで水資源も
守ることになるの
よね。

おにぎり1つあたりの仮想水は280リットルだよ
ちなみにお風呂1回で200ℓぐらい使うよ
ペットボトルが何本必要なんだ……

ミニ解説　日本の灌漑用水使用量が 590 億㎥ / 年なのに対し、日本のバーチャルウォーターの総輸入量は 640 億㎥ / 年です。

71

生き物の宝庫マングローブを蝕むのは？

マングローブ林

マングローブとは、**熱帯地域の河口付近や干潟《ひがた》で見られる植物の総称**です。満潮になると、入り組んだ根の間に海水や**汽水《きすい》**（海水と淡水の中間の塩分を持つ水）が入るので、様々な生き物の住処となっています。

そんな**マングローブですが、面積の1％が毎年消滅している**のです。その理由の一つにエビの養殖が挙げられます。マングローブの繁茂している水域には、干潮時に干潟になり、多くの生物が生息しています。エビの栄養となるものが豊富なので、養殖池として活用されているのです。

以前は、海水を含む土地のため、農業用地としての活用が困難だったことから長年放置されていました。そうした理由もあって養殖池としての開発が進み、現在に至ります。日本はエビの消費量が世界でも上位に入り、多くは輸入に頼っています。

最近ではマングローブを植林し、その周辺に水路を作り魚やエビなどを養殖する**シルボフィッシャリー**（Silviculture（造林）とFishery（漁業）を組み合わせた造語）が行われ、持続可能な環境保全と農業の共存を進めています。

マングローブ

ゴゴゴ
ゴゴゴ
もはやエビに食べられているマングローブ林ね……
B級ホラーじゃないんだから……

マングローブの落ち葉は生物のエサになるし、入り組んだ根っこは波の緩衝材になるから産卵場所にもなるんだ。
日本企業が2006年から2021年にかけてマングローブを38万本も植樹しているんだよ。

ミニ解説　世界のマングローブ林の総面積は約152,000㎢ありますが、これは熱帯雨林の1%にあたります。

72

熱帯林を守るアグロフォレストリー

アグロフォレストリー

アグロフォレストリーという活動を知っていますか？　**農業（Agriculture）と林業（Forestry）を組み合わせた造語で、植林などをしながら農業を行う活動**です。

この言葉が生まれたのは１９７０年代で、カナダの国際開発調査センター（ＩＤＲＣ）の林学者ジョン・ベネ氏によって作られました。工場建設などにより森林が壊されていく中、**北米の先住民族が森を維持しながら農耕を行っていた姿がヒントになった**ようです。

活動内容をカカオを例に説明します。カカオの栽培とあわせて他の植物も植えていきます。カカオは日陰が必要な植物なので、カカオよりも生育の早い植物を一緒に育てることで日陰ができ、より効率良く育ちます。

カカオが育った頃には他の植物もある程度大きくなっており、植林も成功しています。またカカオが不作だったとしても、その他の植物を販売することでリスクを減らすことができます。

アグロフォレストリーは環境に優しく、経済活動にも役立つ活動なのです。

アグロフォレストリーは農業と林業を組み合わせた言葉だよ
Agriculture + Forestry
農業
林業
例えばカカオの苗木を植える時に
他の植物も一緒に植えるんだ
カカオより先に成長した木が日陰になることでカカオが育ちやすくなるのよね
森とともにカカオを育てる
農業と林業の融合形態
これがアグロフォレストリーだよ

ミニ解説　アグロフォレストリーで作られた商品を買うことで地球環境保全に貢献できるので、積極的に購入していきましょう。

73

砂漠化を進行させる原因

砂漠化

「砂漠」と「砂漠化」の違いってわかりますか？砂漠は非常に乾燥している地域のことですが、砂漠化は、本来そこまで乾燥しない地域なのに砂漠に近づいていることをいいます。その原因は、気候変動のように自然的要因に基づく場合もありますが、それよりも人的要因の方がはるかに多いのです。

人類は18世紀以降、人口爆発ともいえるほど急激に人口が増加しています。その結果、様々なものが足りなくなりました。一番は食料でしょう。食料確保のために、休耕せずに作物の栽培を続ける過耕作や、草が生える前に放牧してしまう過放牧などが横行しています。その結果、土壌が劣化して砂漠化が進んでいるのです。

他に森林を伐採して農地を拡大したり、地下水を過剰に汲み上げて農業をしたりすることも原因に挙げられています。砂漠化は地球環境が変化することだけで起きるわけではないのです。私たちが生きていくための活動によって起こることもあるのです。

持続可能な方法に取り組まないと、日本も砂漠になるかもしれません。

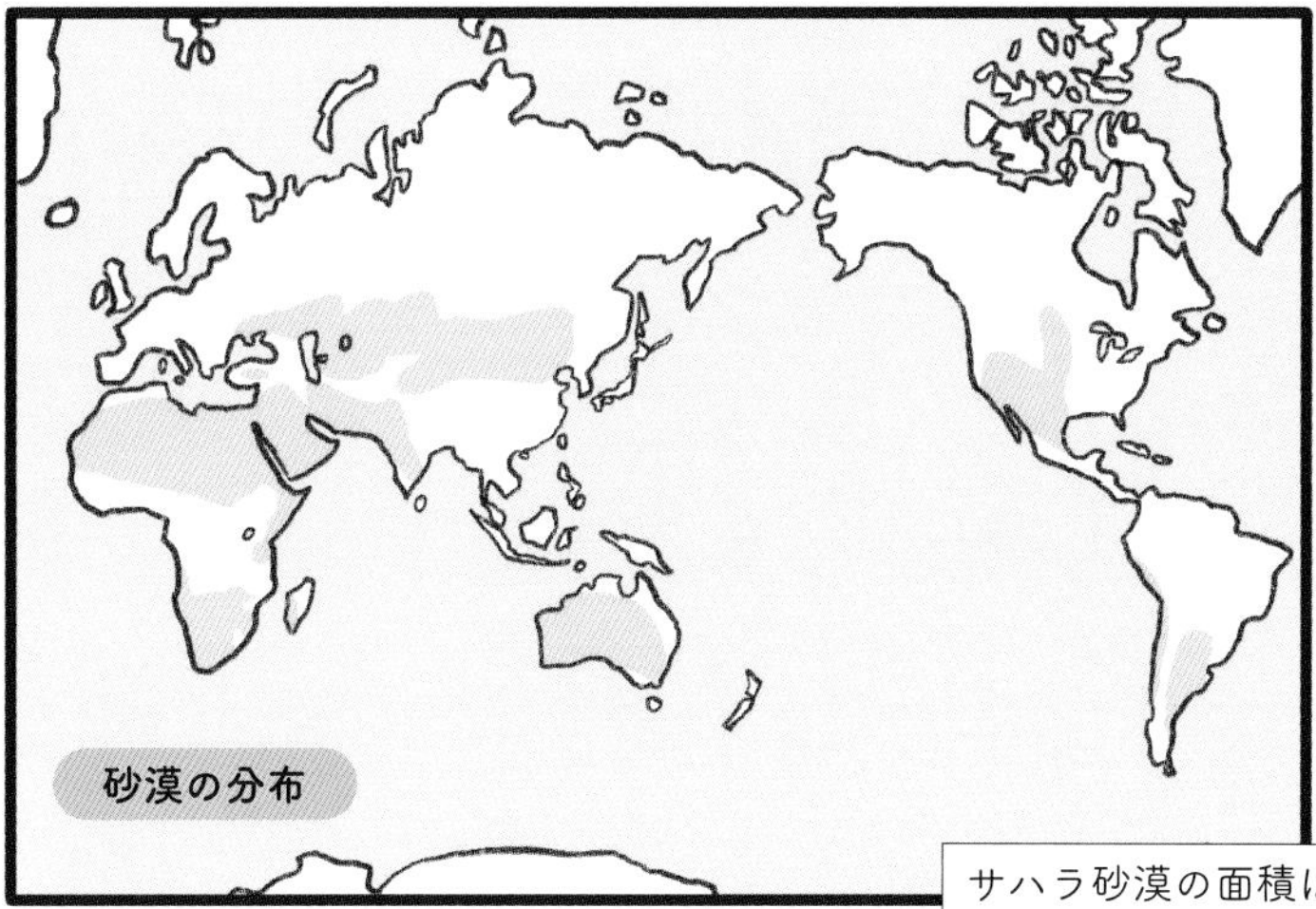
砂漠の分布

サハラ砂漠の面積はアメリカ本土と同じぐらいだ。
これがさらに大きくなるのか……
国連の調査によると毎年約 60,000 ㎢分の砂漠が広がっているようだ。九州(36,750㎢)の倍近いな……。
砂漠化の原因は人口が増えたことによる
①過耕作や過放牧
②灌漑による塩害
③薪炭材の過剰伐採
が主な原因だね

ミニ解説　砂漠化が進行している地域は、世界で 3600 万㎢ともいわれ、これは世界の陸地の 4 分の 1 にあたります。

74

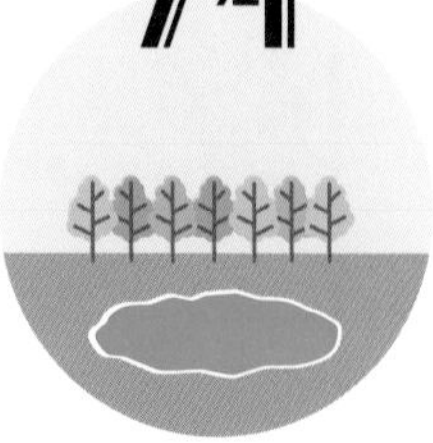

消滅していくサヘル

サヘル

アフリカ大陸を人工衛星から見ると、キレイな緑のラインが見えます。**このサハラ砂漠の南縁にあたる地域をサヘル**といいます。サヘルとは**アラビア語で「岸辺」**という意味で、サハラ砂漠を旅してきた商人たちが、緑を目にしたことから名づけたようです。

この地域は年降水量が100〜600㎜程度ですが、周辺地域よりも多いため緑が目立ちます。**砂漠のオアシスともいえるこの地域は、近年、砂漠化の波に呑まれつつあり消滅の危機に瀕している**のです。チャド湖の湖面は干ばつの影響を強く受け、90%近く縮小したようです。それに加え、人口増加も影響を及ぼしています。サヘル地域の人口は、2050年までに1億7000万人ほどになると見込まれています。

サヘル地域にあるニジェールの主要産業は農業なので、過耕作や過放牧によって砂漠化がより進行する懸念があります。

ただでさえ少ない水資源をめぐり、紛争が起こることも予想されています。気候変動、人口増加などあらゆる面から危機的状況に陥っている地域なんです。

サヘル

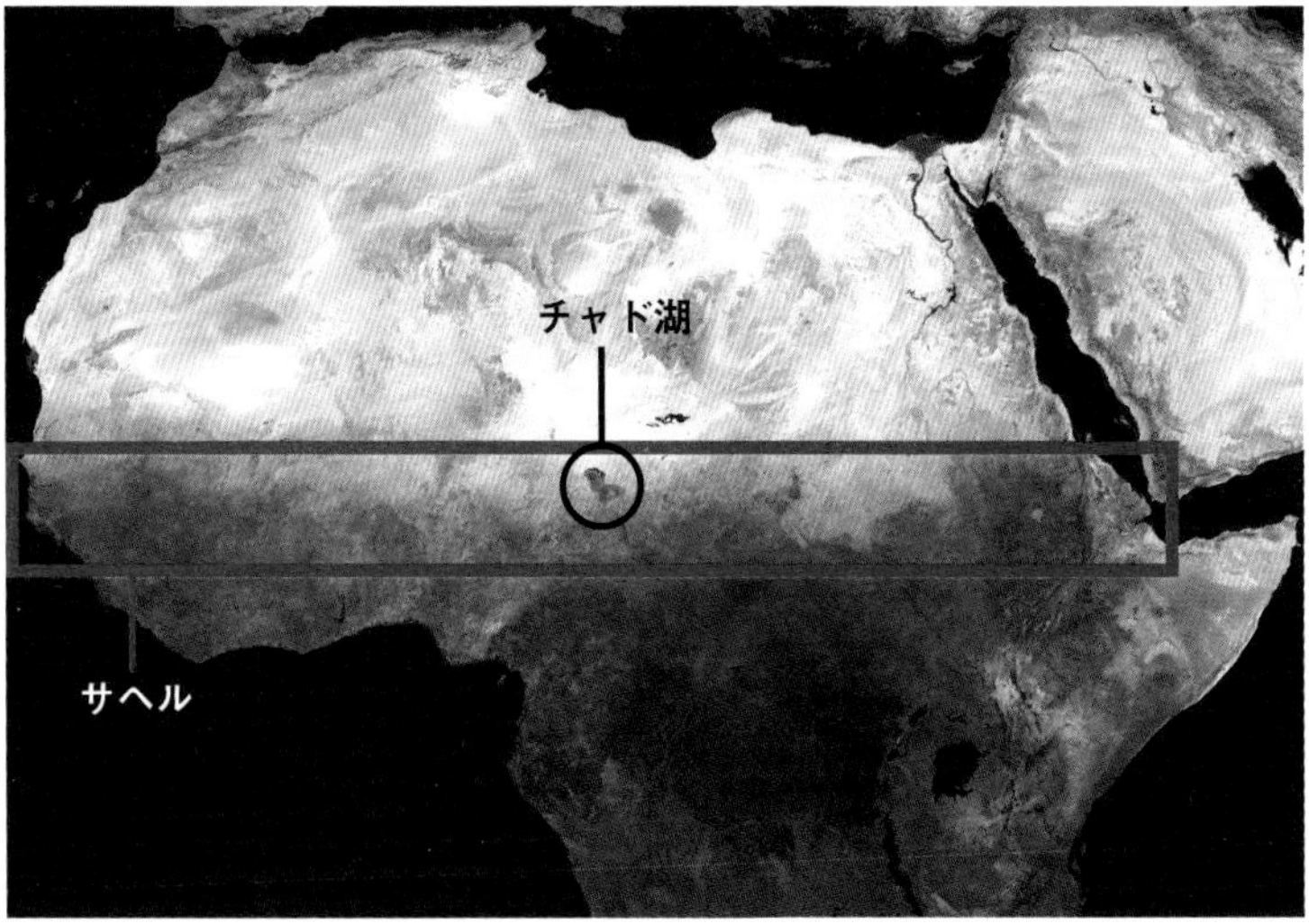
チャド湖
サヘル

サヘルは「岸辺」という意味で砂漠を旅する商人たちが緑を目にしたことから名づけられたんだよな
それが枯れていくなんて悲しいものね……
2050 年までにナイジェリアの人口が 4 億人近くに達すると予測され、アフリカの人口爆発が急激すぎるのも原因の一つだ。
アフリカの人口は 2020 年時点で 14 億人ほどだけど、2050 年には 24 億人を超えるんだって！

ミニ解説 国連環境計画（UNEP）の「緑の長城」（8000㎞に及ぶアフリカ景観回復計画）によって、サヘルの緑化が進められています。

75

地球の上空に穴が開いている

オゾンホール

太陽から放出される有害な紫外線を遮り、生態系を守っているバリアがあるって知っていますか？　それはオゾン層です。

オゾンは酸素原子が３つ結合した分子で、紫外線を吸収する性質があります。地上約20～30㎞上空にオゾン濃度が高い層があり、これが地球を守ってくれているんです。**そんなオゾン層に大きな穴（オゾンホール）が開いています。**

オゾンホールは、１９８０年代頃から、南極上空でオゾンの量が極端に少なくなり、穴が開いているように見えたことから名づけられました。

オゾンホールが発生する理由の一つに、フロンガスが挙げられます。フロンガスは冷蔵庫やエアコンの冷媒として使われていました。当時は無害な物質であると考えられていましたが、オゾンを破壊する性質があることがわかり、１９８７年のモントリオール議定書で使用が国際的に禁止されました。

こうした取り組みもあり、**２０１２年にはオゾンホールは徐々に回復していることが確認された**のです。私たちの努力で地球環境は回復できるのです。

オゾンホール

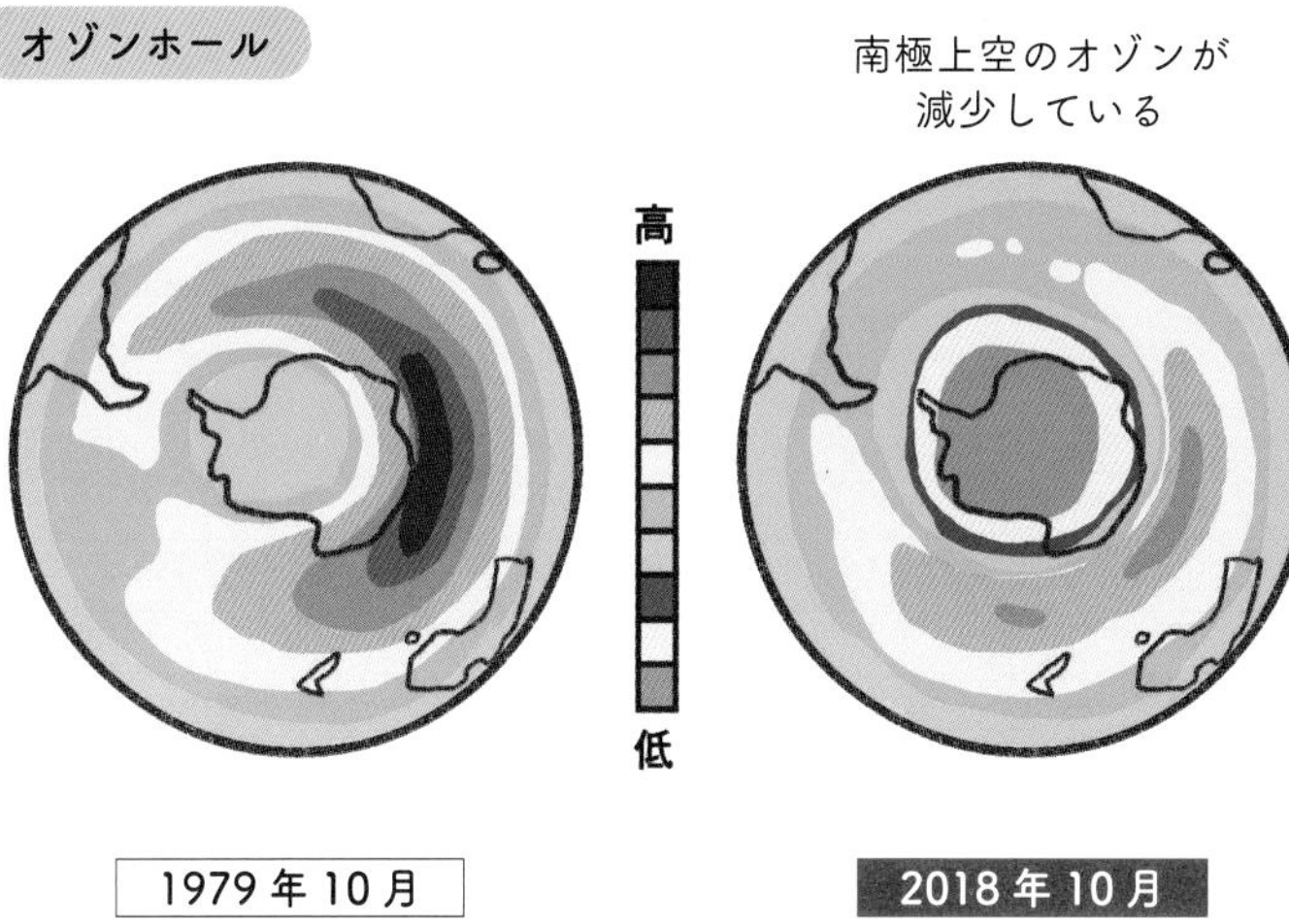
南極上空のオゾンが
減少している
高
低
1979年10月
2018年10月

オゾンホールはフロンガスが規制されたことによってどんどん小さくなっていったよ
私たちの努力で環境を修復できた例の一つなんだよ

オゾンの量が多いと赤く示され、少ないと灰色で示されるんだ。ほんとに穴みたいに見えるからオゾンホールっていうんだな。

ミニ解説 オゾンホールは、最大で北米大陸とほぼ同じ大きさの2480万㎢に達することもあります。

76

なぜ生物多様性を守らなければならないのか

生物多様性

生物多様性が叫ばれる昨今ですが、そもそも「生物多様性」とは何でしょうか？ 環境省によると「**生きものたちの豊かな個性とつながりのこと**」と表現しています。このつながりは私たちの生活に大きく関わっているんです。その理由は4つあります。

まずは**環境を守るため**です。大気や土壌の環境は、多様な生物の存在によって成り立っています。次に**資源（水産、農産物など）を確保するため**です。生きていく上で必要な資源にも、生態系の循環機能が不可欠です。3つ目は**文化を守るため**です。文化の根源に自然があります。多様な生物が各地で作り出した自然は文化を生み、人間の精神的な活動に恩恵をもたらしました。4つ目は**安全の基盤のため**です。森林は土壌を固定し土砂災害を減らし、サンゴ礁は波浪から守ってくれています。生物多様性は、持続可能な社会を構築するためにも必要なのです。

しかし、生物多様性は人間による環境破壊や外来生物による生態系の混乱などにより脅かされています。私たち人間も多様性の一員であることを忘れてはいけませんね。

ミニ解説 地球温暖化によって地球の平均気温が 1.5 ～ 2.5℃上昇すると、動植物種の 20 ～ 30％が絶滅するリスクが高まるようです。

77

富士山は世界○○遺産

世界遺産

　富士山は２０１３年に世界遺産に登録されました。でも「文化遺産」だったって知ってましたか？　自然遺産じゃないの？　と思う人もいるかもしれませんが、それには理由があるのです。

　ユネスコは１９７２年に「世界の文化遺産及び自然遺産の保護に関する条約」を採択しました。これは、人類共通の価値ある文化財や自然を保護、保全し、後世に伝えていくために作られました。富士山も最初は自然遺産として登録を目指していたのですが、富士山固有の生物がいないことや、同規模の火山は世界中にあること、ゴミやし尿による環境悪化も大きな要因となり、登録には至りませんでした。しかし富士山は日本人の自然観、宗教、芸術に大きな影響を及ぼしてきたことから「富士山――信仰の対象と芸術の源泉」として文化遺産に登録されました。

　人類の遺産を守るために採択された条約ですが、近年、大規模な開発や紛争、災害などによって「危機にさらされている遺産リスト」も増えています。人類の遺産を守るために登録されたものが、人類によって危機に陥っているのは皮肉ですね。

富士山

富士山に対する畏敬の念や、湧水のめぐみに感謝する気持ち、火山と共存する精神などが評価されたんだよな。

富士山には固有種がいないこととし尿やゴミによる環境悪化も大きな要因なのよね
でも日本人の心に富士山はあるから文化遺産になったんだよね

ミニ解説 「危機にさらされている遺産リスト」には、56件登録されています（2023年時点）。

78

酸性雨は国境を越える

酸性雨

左の写真を見てみましょう。石像の鼻が欠けてしまっています。これは酸性雨が原因です。

酸性雨とは、化石燃料などの燃焼によって排出された硫黄酸化物（SOx）や窒素酸化物（NOx）が大気中で化学反応を起こし、酸性度の高い雨となったものです。この雨が、人類の遺産である世界遺産を溶かしているのです。

酸性雨の特徴に、自国だけの問題ではないということが挙げられます。化石燃料を燃焼して生じた化学物質は宙に舞い、それは風によって周辺の国々に運ばれます。つまり、隣国の排出したものによって、酸性雨の被害を受ける場合があるのです。

実際、ヨーロッパ東部に「ヨーロッパの黒い三角地帯」と呼ばれる地域があります。ここは1980年の異常寒波をきっかけに、国立公園内の森林が80%も枯れたり弱ったりしました。これには酸性雨も関わっており、この地域が大気汚染によって黒くすすけていることから名づけられました。偏西風によって西部から運ばれた物質による酸性雨が原因とされているのです。

酸性雨によって
溶解した石像

ケルン大聖堂

酸性雨によって偉大な
建築物が溶けたり、
黒ずんだりしている
のを見ていたから対策
に早く取り組んだとも
いわれているわ。

酸性雨の問題点は移動することだな
欧州は特に偏西風の影響で東へ移動しちゃうから問題なんだよね
東へ移動する酸性雨

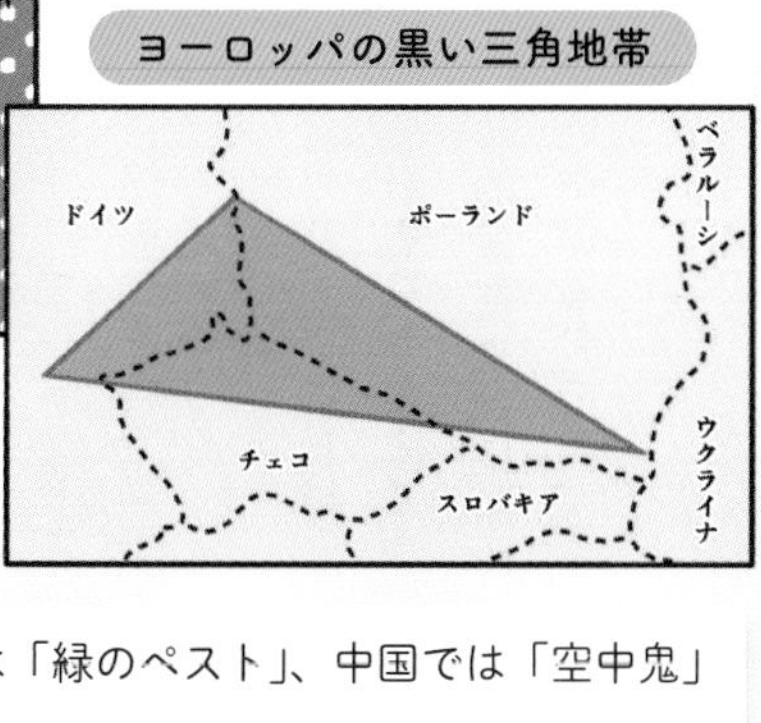
ヨーロッパの黒い三角地帯
ドイツ
ポーランド
ベラルーシ
チェコ
スロバキア
ウクライナ

ミニ解説　酸性雨のことをヨーロッパでは「緑のペスト」、中国では「空中鬼」と呼んでいます。

79

プラゴミはどこからやってくる?

バーゼル条約

2019年に、プラスチックごみ（以下プラゴミ）に関する初の国際的な規制条約である「バーゼル条約」が採択されました。世界中の海洋汚染に歯止めをかけるための条約です。この条約によってプラゴミは有害物質に指定され、相手国の同意なしに輸出することはできなくなりました。そのため締結国はプラゴミを可能な限り自国で処分しなければならなくなり、規制が強化されたのです。

日本でもその規制の一つとして、2020年7月にレジ袋が有料化されました。プラゴミは海に流れ出てしまうと分解されずに海底に溜まったり、海洋生物が誤飲したりと、生態系への影響も懸念されています。日本で出されたプラゴミがハワイやアメリカ西岸で発見されるなど、自国のごみが他国へ漂着する問題もあるので、国際的な取り組みが必要なのです。

でも、海にプラゴミを捨てたことはないと答える人も多いでしょう。しかしポイ捨てやごみ箱からこぼれ落ちたゴミが雨風によって川に運ばれ、海に流れてしまっているのです。地域の清掃は海を守る活動にもつながっています。

打ち上げられたプラスチックごみ

アメリカの海岸なのに日本のゴミが……
年間6万トンぐらい流れているらしいな……

プラスチックごみの大半はパッケージなんだ。袋や容器などをそのまま捨てずに分別することも海をキレイにする活動につながるんだよ。

海に入ったレジ袋が細かく分解されるまでに20年かかるし、ペットボトルにいたっては400年もかかるんだよ。

ミニ解説　海に流れ出すプラゴミは年間500～1300万トンもあり、2050年にはプラゴミが魚の量を超えるといわれています。

80

地球を守る会議がある

地球サミット

1972年にストックホルムで開催された「**国連人間環境会議**」で、「**かけがえのない地球**」をスローガンに人間環境宣言が採択されました。

それから20年後、1992年にリオデジャネイロで**国連環境開発会議**（**地球サミット**）が開催されました。この時は気候変動や生物多様性など、環境問題の基本となる条約が採択され、「**持続可能な開発**」という理念もこの時生まれました。

さらに20年後、2012年に再びリオデジャネイロで**国連持続可能な開発会議**（リオ＋20）が開催されました。その時のテーマの一つに「**グリーンエコノミー**」があります。これは、**環境保全と経済発展の両立を目指す**もので、**化石燃料の使用や大規模開発を抑えつつ、再生可能エネルギーなどを活用しながら発展していく**というものです。

しかし、先進国は賛同するものの、**開発途上国では経済発展の妨げになるとして反対も多い**のです。さらに近年は、先進国の中でもアメリカのように経済不安や紛争によって協定を脱退する国もあり、環境対策と経済対策の両立が叫ばれています。世界各地の貧困や格差をなくすことが最大の環境問題対策なのかもしれません。

1972年に
ローマクラブは
「成長の限界」と
警鐘を鳴らしました
人口の増え方
食料の増え方
1972年
「国連人間環境会議」
ストックホルム
Only One Earth
Only One Earth
Only One Earth
かけがえの
ない地球！
1992年
「国連環境開発会議」
リオデジャネイロ
持続可能な開発を
目指しましょう
2012年
「国連持続可能な
開発会議」
リオ＋20
テーマは
「グリーン
エコノミー」
環境と経済の
両立を目指そう
というものだね

ミニ解説　アメリカはパリ協定（地球温暖化対策）からの離脱を 2017 年に宣言し、2020 年に脱退しましたが、政権交代後の 2021 年に復帰しています。

主な参考文献

羽田康祐『地図リテラシー入門―地図の正しい読み方・描き方がわかる』ベレ出版
富田啓介『その日常、地理学で説明したら意外と深かった。―街と地域を知るための5つの物語』ベレ出版
富田啓介『はじめて地理学』ベレ出版
地理用語集編集委員会『地理用語集』山川出版社
山﨑圭一『一度読んだら絶対に忘れない地理の教科書』SBクリエイティブ
佐藤廉也『大学の先生と学ぶ　はじめての地理総合』KADOKAWA
宮路秀作『現代世界は地理から学べ』ソシム
宮路秀作『ニュースがわかる！世界が見える！おもしろすぎる地理』大和書房
宮路秀作『現代史は地理から学べ』SB新書
宮路秀作『地理がわかれば世界が見える』大和書房
宮路秀作『経済は地理から学べ！』ダイヤモンド社
宮路秀作『経済は統計から学べ！』ダイヤモンド社
宮路秀作『改訂版 中学校の地理が1冊でしっかりわかる本』かんき出版
井田仁康『世界の今がわかる「地理」の本』三笠書房
田中孝幸『13歳からの地政学―カイゾクとの地球儀航海』東洋経済新報社
学研プラス編『中学地理をひとつひとつわかりやすく。改訂版』学研プラス
公文国際学園中等部・高等部 チーム地理編『小学生が解いた！東大地理―これぞ思考力問題』山川出版社
日本地理学会監修、山本健太・長谷川直子編著、宇根寛・平野淳平・矢野桂司・秋山千亜紀・宋苑瑞著『地理がわかれば世界がわかる！すごすぎる地理の図鑑』KADOKAWA
村瀬哲史『村瀬のゼロからわかる地理B 地誌編』学研プラス
藤井一至『ヤマケイ文庫　大地の五億年 せめぎあう土と生き物たち』山と渓谷社
藤井一至『土　地球最後のナゾ―100億人を養う土壌を求めて』光文社新書
二宮書店編集部『データブック オブ・ザ・ワールド 2023』二宮書店
瀬川聡・伊藤彰芳『瀬川 & 伊藤の Super Geography COLLECTION 01 大学入試カラー図解 地理用語集』KADOKAWA
鈴木達人『直前30日で9割とれる 鈴木達人の 共通テスト地理B』KADOKAWA
藤井一至「高等学校地理科目における土壌教育内容の更新の必要性」『ペドロジスト』63巻（2019）2号
『地理総合』東京書籍
『地理探求』東京書籍
『地理B』東京書籍
『高等学校 新地理総合』帝国書院
『高校生の新地理総合』
『新詳地理探求』帝国書院
『新詳地理B』帝国書院
『地理総合―世界に学び地域へつなぐ』二宮書店
『わたしたちの地理総合―世界から日本へ』二宮書店
『地理探求』二宮書店
『新編 詳解地理B 改訂版』二宮書店

○ Webサイト
「気象庁」
https://www.jma.go.jp/jma/index.html
「環境省」https://www.env.go.jp/
「江戸の数学」
https://www.ndl.go.jp/math/s1/c7.html

○写真・画像
iStock
https://www.istockphoto.com/jp
PIXTA　https://pixta.jp/
shutterstock
https://www.shutterstock.com/ja/
Wikipedia @Daniel Case（P. 99）、@Leandro Kibisz（P. 101）
pixabay

著者紹介

地理おた部（ちりおたぶ）

▶地理おた部（高校地理お助け部）は、四倉武士（現役高校教師）、瀧波一誠（日本地域地理研究所代表理事）、ちまちり（イラストレーター）、トフィー（地理芸人）の4人で構成するサークル。「高校地理がわかりやすく、楽しく学べる」をモットーに、日々教材開発や地理の情報発信を行っている。その日すぐに使える知識や、授業プリント、マンガ教材、YouTube動画など幅広く教材開発を行っており、学校現場で活用されている。代表作の『ケッペンちゃん』はマンガでわかりやすく高校地理を解説しており、受験生から教師まで多くの人に親しまれている。

Xのアカウント
地理おた部　@geographybu
瀧波一誠　@mokosamurai777
ちまちり　@_chimachiri
トフィー　@toffee2210

◉── 装丁　坂野 公一（welle design）
◉── 装画　川原 瑞丸
◉── 本文デザイン・DTP　川原田 良一（ロビンソン・ファクトリー）
◉── 校閲　曽根 信寿
◉── 制作協力　上田聖矢、瀬戸口雄大、竹田心美

自然《しぜん》のふしぎを解明《かいめい》！ 超入門《ちょうにゅうもん》「地理《ちり》」ペディア

2024年　7月25日　初版発行

著者　地《ち》理《り》おた部《ぶ》
発行者　内田 真介
発行・発売　ベレ出版
〒162-0832　東京都新宿区岩戸町12 レベッカビル
TEL.03-5225-4790　FAX.03-5225-4795
ホームページ　https://www.beret.co.jp/
印刷・製本　三松堂株式会社

ISBN 978-4-86064-770-4 C0025　編集担当　森 岳人